可再生能源发电

中美两国面临的机遇和挑战

中国科学院　　中国工程院
美国国家科学院　　美国国家工程院

科学出版社
北京

内 容 简 介

作为世界两大能源消耗国，美国是最大的发达经济体，而中国是最大的发展中经济体，中美两国在世界未来清洁能源中都扮演着决定性的角色。本报告通过对中美两国可再生能源资源禀赋、技术能力以及政策、经济性和市场规模等进行详细的调研分析，对未来能源经济转型的必要性和意义，以及中美两国在这个领域合作的作用、模式和经验等进行了充分探讨，将有助于加强两国可再生能源发展领域的技术合作，明确未来合作前景和方向，共同促进全世界走向大规模应用清洁能源之路。

本书适合政府，能源领域企业和从事可再生能源资源、技术评价、环境影响、能源经济、政策研究的科研人员，以及其他对可再生能源发电问题感兴趣的社会公众参阅。

图书在版编目(CIP)数据

可再生能源发电：中美两国面临的机遇和挑战／中国科学院等编．—北京：科学出版社，2012

ISBN 978-7-03-033968-3

Ⅰ. 可… Ⅱ. 中… Ⅲ. ①再生能源－发电－研究－中国②再生能源－发电－研究－美国③再生能源－能源经济－国际合作：经济合作－研究－中国、美国 Ⅳ. ①TM61②F426. 2③F471. 262

中国版本图书馆 CIP 数据核字(2012)第 060220 号

责任编辑：李 敏 王 倩／责任校对：林青梅

责任印制：徐晓晨 ／封面设计：耕者设计工作室

科 学 出 版 社 出版

北京东黄城根北街 16 号

邮政编码：100717

http://www.sciencep.com

北京京华虎彩印刷有限公司 印刷

科学出版社发行 各地新华书店经销

*

2012 年 5 月第 一 版 开本：B5（720×1000）

2017 年 4 月第二次印刷 印张：13 3/4

字数：270 000

定价：88. 00 元

（如有印装质量问题，我社负责调换）

中国科学院

中国科学院，1949年11月在北京成立，是中国国家科学技术方面最高学术机构和全国自然科学与高新技术综合研究发展中心。中国科学院共拥有6个学部、12个分院、100家直属研究机构、100多个国家级重点实验室和工程中心以及近千个野外观测台站网络，全院科研人员达5万余人。中国科学院作为国家战略科技力量，致力于解决关系国家全局和长远发展的基础性、战略性、前瞻性的重大科技问题；培养适应国家发展要求的高水平科技创新与创业人才；促进科技成果转移转换与规模产业化；发挥国家科学思想库作用；提升中国科学技术国际竞争力；引领中国自主创新和科技进步，支撑中国科学发展与和谐发展。

中国工程院

中国工程院，成立于1994年。中国工程院是中国工程技术界的最高荣誉性、咨询性学术机构，由院士组成，对国家重要工程科学与技术问题开展战略研究，提供决策咨询，致力于促进工程科学技术事业的发展。中国工程院由7个专门委员会、9个学部，以及办事机构组成，其主要任务是贯彻落实科学发展观，积极实施科教兴国战略、可持续发展战略和人才强国战略，组织研究、讨论工程科学技术领域的重大、关键性问题，结合国民经济和社会发展规划、计划，对工程科学技术的发展与应用，提出报告和建议；促进全国工程科学技术界的团结与合作，推动中国工程科学技术水平。

美国国家科学院

美国国家科学院，是一家由著名学者自主经营的非营利性机构，其参与科学和工程研究，倾力促进科技的发展，并利用科技为社会谋取福利。根据美国国会于1863年授予的特许权，该研究院必须为联邦政府提供关于科学技术方面的建议。Ralph J. Cicerone 博士是美国国家科学院的现任主席。

美国国家工程院

美国国家工程院，在美国国家科学院的特许下设立于1964年，是由杰出工程师组成的并联机构。该研究院可进行自主管理和选择成员，但与美国国家科学院一样，有责任为联邦政府提供相关建议。同时，美国国家工程院还赞助某些工程项目（旨在满足国家需求），提倡教育和研究，并认可工程师的突出成就。Charles M. Vest 博士是美国国家工程院的现任主席。

中美合作大规模可再生能源发电咨询项目研究委员会成员

美方专家委员会

Lawrence T. Papay　PQR LLC　主席
Xuemei Bai　联邦科学与工业研究组织
Richard Bain　美国可再生能源实验室
Roger Bezdek　美国管理信息服务有限公司
Helena Chum　美国可再生能源实验室
J. Michael Davis　太平洋西北美国国家实验室
Joanna Lewis　乔治敦大学
Jana Milford　玻尔得市科罗拉多大学
Jeffrey Peterson　纽约能源研究和发展管理局
Carl Weinberg　温伯格协会

中方专家委员会

赵忠贤　中国科学院物理研究所　主席
黄其励　中国东北电网有限公司
陈　勇　中国科学院广州分院
戴松元　中国科学院等离子体物理研究所
费维扬　清华大学
贺德馨　中国风能协会
骆仲泱　浙江大学
马隆龙　中国科学院广州能源研究所
苏纪兰　国家海洋局第二海洋研究所
王锡凡　西安交通大学
王志峰　中国科学院电工研究所
吴创之　中国科学院广州能源研究所
武　钢　新疆金风科技股份有限公司

肖立业　中国科学院电工研究所
徐建中　中国科学院工程热物理研究所
许洪华　中国科学院电工研究所
严陆光　中国科学院电工研究所
杨玉良　复旦大学
赵黛青　中国科学院广州能源研究所
赵　颖　南开大学
郑厚植　中国科学院半导体研究所
周凤起　中国国家发展和改革委员会能源研究所
朱　蓉　中国气象局风能太阳能资源评估中心

美方公务委员

Derek Vollmer　美国国家工程院及美国国家研究理事会政策和国际事务部项目负责人
Lance Davis　美国国家工程院　执行官
Proctor Reid　美国国家工程院项目办公室　主任
Penelope Gibbs　美国国家工程院　高级项目助理
David Lukofsky　美国国家工程院　研究员

中方公务委员

曹京华　中国科学院国际合作局　副局长
杜　茜　中国科学院电工研究所　助理研究员
康金城　中国工程院政策研究室　副主任
李　璐　中国科学院广州能源研究所　研究助理
廖翠萍　中国科学院广州能源研究所　研究主任
刘峰松　中国科学院院士工作局　副局长
陆　耀　中国科学院广州能源研究所　研究助理
申倚敏　中国科学院院士工作局　主任
王振海　中国工程院政策研究室　副主任
徐海燕　中国工程院国际合作局　副主任

项目组秘书处

中国科学院广州能源研究所

前　言

从20世纪90年代末开始，中国科学院、中国工程院、美国国家科学院、美国国家工程院开始组建中美两国四院专家委员会，开展能源与环境管理领域的合作研究。2000年，中美两国四院第一次共同发表了《中美能源前景的合作研究》，首次探讨了中美两国进入21世纪后面临的主要能源问题。2003年，《私人轿车与中国》出版，关注了中国汽车工业的发展。2004年和2007年，中美两国四院联合咨询组共同发表了《中国城市化、能源和空气污染：面临挑战》和《能源前景与城市空气污染：中美两国所面临的挑战》，详细分析了城市能源利用和空气质量之间的相互关系。至今，中美两国四院的合作已经见证了能源、气候变化和中美双边合作给全球带来的影响。

基于上述背景，中美两国四院开展了本次合作咨询研究。两国研究机构的领导人认为，开展可再生能源咨询研究符合两国共同利益，其结论将具有国内和国际适用性，并有助于解决重要的科技问题。经咨询两国政府机构，专家委员会制订了研究方案，确定研究三大能源的公用事业规模发电，即风能、太阳能和生物质能。

专家委员会须承担以下任务：①相对性地评估能源潜力；②为成熟技术开发近期市场；③为加强中美在本领域的合作提供建议（按优先顺序）。为此，专家委员会不但各自开展了大量国内工作，还通过政府和私人协作形式开展了大量双边活动。咨询组共同探寻了有利于技术发展、降低成本或扩展的领域。

专家委员会在12个月内共同举行了四次双边会议，分别在广州和北京（2008年12月），夏威夷（2009年3月），西宁（2009年7月），科罗拉多州和加利福尼亚州（2009年10月），旨在共同收集信息，考察地区性问题，阐述结论和提出建议。与会委员获得了州/省或地方政府机构的资助，以及地方工业、电力公司、大学和研究实验室的协助。以会议考察为基础，根据公开会议上提供的信息、数据和学术文献，以及两国委员提供的专家意见，专家委员会编写了本报告。本报告尽可能在两国的各个方面提供比较，但基于美国某些方面可用的信息或数据比中国多，专家委员会选择呈现这些数据，美国的经验有助于提高中国资源评估资料等方面的能力。

虽然贸易、知识产权和经济竞争力等是中美双边关系中的重要问题，但本研究不涉及这些问题。专家委员会在本报告的诸多方面意识到，尽管这些问题在中美可再生能源合作中具有一定意义，但超出了本报告的范围，所以并没有专门就这些问题提出建议。同时，关于气候变化的法规（经济范围内碳排放总量管制或对温室气体排放征税）对可再生能源双边合作的影响，本研究也概不做明确评论。这些法规或全球协议旨在减少温室气体排放量，可能最终影响某些合作的结构和时间安排。但本报告注意到，中美在这些方面合作已进行多年，只需考虑某些特定因素的影响。

我们希望，这份由中美两国科学家共同编写的报告，能够为两国决策者和公众提供有价值的参考。虽然在扩大可再生能源的发电规模方面我们仍面临许多挑战，但是我们知道，可再生能源代表着更大更丰富的能源选择。为此，我们衷心希望中国、美国和国际机构在可再生能源发电领域的合作能促进构建清洁能源的美好未来。

我们很荣幸能够分别担任中美两国委员会的主席。在此，向两国专家委员会的专家们致敬，感谢你们为本研究所做的一切努力！

赵忠贤
中方专家委员会主席

Lawrence T. Papay
美方专家委员会主席

致　谢

本报告草稿经持有不同观点和技术专长的人员复审，复审符合美国国家研究院①报告复审委员会的规程。采用独立复审的目的是为了协助委员会使发表的报告更加可靠合理，具有公正性、批判性，同时也是为了确保报告符合委员会有关客观性、事实性及对所研究问题具有敏感性的标准。为了保证程序的完善，复审评论和手稿保密。

对下列专家为本次报告所作的复审，我们表示衷心感谢：Device Concept 公司 Robert Bower、通用全球研发中心 Kelly Fletcher、中国科学院周孝信、中国工程院欧阳平凯、清华大学何毓琦、中国科学院金红光、中国可再生能源学会施鹏飞、应用材料公司 Mark Pinto、南加州爱迪生公司 Pedro Pizarro、布鲁克海文国家实验室 Gerald Stokes、太阳电力公司 Richard Swanson、美国国家可再生能源实验室 William Wallace，以及中国国家发展和改革委员会能源研究所王仲颖。

虽然上述的复审人员提供了许多建设性的意见和建议，但他们并不对本报告的结论和建议负责，也没有看过报告发表前的最终草稿。报告复审后又经 Honeywell 的 Maxine Savitz（已退休）再次审查。她由美国国家科学院指派，以确保报告的独立审查符合程序及所有的复审意见均被认真采纳。

本报告的最终内容，完全由项目专家委员和协会负责。

① 指美国国家工程院与美国国家研究理事会

目　录

前言

致谢

概述 …… 1

一、可再生能源电力发展现状 …… 2

二、可再生能源资源评估 …… 4

三、技术开发 …… 5

四、环境影响 …… 6

五、政策、推广和市场基础设施 …… 7

六、转向可持续发展的能源经济 …… 8

七、未来合作平台 …… 9

八、建议 …… 10

九、未来发展 …… 11

第一章　绪论 …… 12

一、资源、技术和环境影响 …… 14

二、政策和经济利益 …… 15

三、规模的挑战 …… 16

四、竞争者之间的合作 …… 17

第二章　资源基础 …… 18

一、可再生能源资源的评估 …… 18

二、风力发电 …… 19

三、太阳能发电 …… 29

四、生物质发电 …… 35
五、地热发电 …… 39
六、水力发电 …… 44
七、综合资源规划 …… 46
八、结论 …… 48
九、建议 …… 49
第三章　技术成熟度 …… 50
一、风力发电 …… 50
二、太阳能光伏发电 …… 54
三、聚光式太阳能热发电系统 …… 58
四、生物质发电 …… 59
五、地热发电 …… 63
六、水力发电 …… 65
七、电网的现代化 …… 67
八、结论 …… 71
九、建议 …… 73
第四章　可再生能源发电的环境影响 …… 74
一、化石燃料和可再生能源发电 …… 75
二、项目规模的影响和可再生能源管理规则 …… 84
三、结论 …… 90
四、建议 …… 92
第五章　中美两国的可再生能源政策、市场和推广 …… 93
一、中国的可再生能源政策 …… 93
二、美国的可再生能源政策 …… 98
三、各种能源政策的比较 …… 106
四、可再生能源推广的潜在限制 …… 110
五、可再生能源市场的扩大和融资 …… 118
六、近期内扶持可再生能源推广的优先政策 …… 122

七、结论 …… 125
八、建议 …… 127
第六章　向可持续能源经济转型 …… 128
一、迈向集成系统 …… 128
二、转变能源系统 …… 133
三、前景预测 …… 139
四、结论 …… 147
五、建议 …… 148
第七章　中美合作 …… 149
一、可再生能源合作基础 …… 149
二、可再生能源合作概况 …… 150
三、合作障碍 …… 154
四、扩大合作机会 …… 156
五、结论 …… 159
六、建议 …… 160
参考文献 …… 161
附录 …… 174
附录 A …… 174
附录 B …… 184
附录 C …… 194
附录 D …… 198

概　　述

作为世界两大能源消耗国，美国是最大的发达经济体，而中国是最大的发展中经济体。因此，中美两国在世界未来清洁能源的发展中都扮演着决定性的角色。美国方面就中美双边关系作了评论。评论中明确表示，可再生能源领域是美国应该“大力加强”与中国合作的关键领域之一（Council on Foreign Relations, 2007）。同时，评论指出，中美两国更应成为合作伙伴，共同发展低碳经济，降低气候变化的风险（Asia Society and Pew Center on Global Climate Change，2009）。此外，两国都被一系列相关目标所激励，如多样化的能源组合、创造就业机会、保障能源安全、减少污染，使得可再生能源发展成为一个具有广泛影响的最优战略。鉴于两国能源市场的规模，任何推动可再生能源发展的实质性进展，都必将带来全球性利益。例如，推动技术理解，通过扩大可再生能源技术的应用推广来降低成本，以及减少使用传统化石燃料发电所造成的温室气体（GHG）排放量。中美两国在扩大可再生能源的发电规模时面临着相似的技术和经济约束：除了水力发电、一些风力发电和地热发电外，目前大部分可再生资源发电与传统化石燃料发电相比都还不具备市场竞争力；从地理空间上看，集中的电力需求和高品质、丰富的可再生能源资源距离遥远。但是，与传统化石燃料发电相比，可再生能源发电具有减少空气污染物质的排放量、降低燃料成本，以及在很多情况下推广较快等几大优势。此外，诸如太阳能光伏发电技术，非常适合于特定领域的发电市场，如电价最高的用电需求高峰。在大规模推广可再生能源技术的过程中，两国都需遵循因地制宜原则，选择适合本土特色的发展路径。然而，尽管两国在现有的基础设施、政策和管理框架上都存在差异，但这些都是可以互利合作的实质性领域。

在此背景下，中国科学院、中国工程院、美国国家科学院、美国国家工程院共同组成了专家委员会，旨在研究中美两国可再生能源发电的技术进步和规模化发展，共同探讨如何能够低成本并较快地完成可再生能源发电的目标，分析两国的合作前景，提出咨询意见和建议，自 1979 年以来，中美两国一直没有间断过在可再生能源领域的合作。这段合作历史为本报告持续且高层次的合作奠定了基础。

中美两国的专家委员会并不是就资源或发电技术（如风能、太阳能和生物质能）展开分析，而是选择分析技术、政策和市场因素，因为这些因素能够促使可再生能源发电的推广。同时，专家委员会还意识到一个国家的能源利用可能对另一个国家产生影响，具体参见某些委员的建议。中美关系中存在一个重要而有时被忽视的方面，即通过更紧密地合作，两国大幅增加了有组织的相互学习的机会。特别是技术学习方面，因为一国加快建设和推广可再生能源发电系统，将迅速给全世界带来影响。鉴于可再生能源发电的竞争对手是发展良好的传统能源发电行业，所以应从资源性质到商业化的所有方面都推行最优操作方法，从而提高可再生能源发电的竞争力。以下各小节将详述中美两国专家委员会的主要结论和建议。

一、可再生能源电力发展现状

除了传统水力发电，与化石燃料发电相比，可再生能源发电在中美两国所占的份额还相当小（非水力发电资源低于3%）。水力发电是可再生能源电力的主要来源，中国仍然存在丰富的大规模水力资源以待开发。此外，中美两国的边远地区都存在大量太阳能和风能资源，但两国都缺乏大规模的基础设施来输送这些资源。同时，有多少太阳能和风能资源可以被低成本高效率地开发利用还存在争议。生物质能是一种可持续发展资源，可直接用于发电，也可通过生物质—煤混合燃烧来发电。对于其他资源，比如地热，目前主要开采用于提供一些发电及其他能源服务（如供热和制冷）。

表1阐明了2008年中美两国各种可再生能源装机容量与净发电量。2008年，全球的非水电可再生能源发电装机总量达到280GW，而中美两国共占90%（REN 21, 2009）。但需要正视的是，2007年全球非水电可再生能源发电总量（EIA, 2010）仅能供美国连续使用6周。

表1　2008年中美两国各种可再生能源装机容量与净发电量

发电技术	中国		美国	
	装机容量/GW	净发电量/（TW·h）	装机容量/GW	净发电量/（TW·h）
传统水电	172.00	565.50	77.73	248.09
风　电	12.20	14.80	24.98	52.03

续表

发电技术	中国		美国	
	装机容量/GW	净发电量/（TW·h）	装机容量/GW	净发电量/（TW·h）
太阳能光伏发电	0.14	0.01	0.51	0.84
太阳能光热发电	—	—	0.42	
生物质发电	3.60	14.00	12.58	66.24
地热发电	0.02	—	3.28	14.86
总计	187.96	594.31	123.96	382.06
整个电力系统	792.00	3 438.00	1 104.49	4 110.26

资料来源：EIA，2009，2010；SERC，2009

2005～2009 年，全球发电装机总量迅速增长，特别是风力发电方面。目前，中美两国已成为风力发电的佼佼者（图 1）。但是，这是不确切的。测量真实发展指标的是净发电量，而不仅仅是装机总量，因为可再生能源发电的利用率低于化石能源、核能。

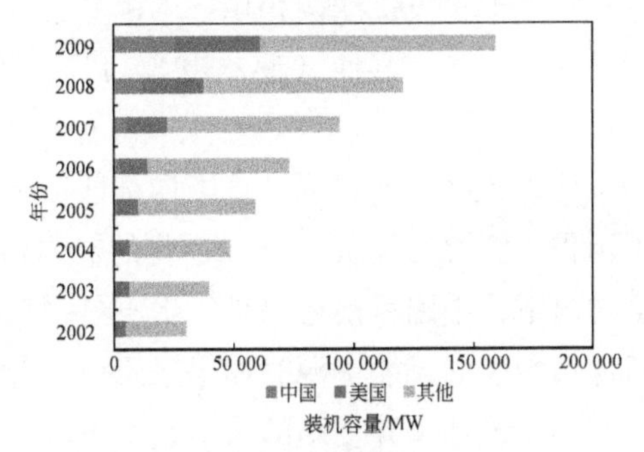

图 1　2002～2009 年中国、美国和全球的风电机组推广

资料来源：AWEA，2009

中国在提高风电机组和光伏系统（PV）的制造能力方面取得了骄人的进展，尽管其光伏系统大部分用于出口。最近，美国已成为世界最大的风电机组市场，也成为第二代薄膜光伏材料的主要供应商。两国近期在可再生能源电力方面的增长，主要表现在风力发电和一些较大规模的太阳能发电。中美两国也可通过模块化技术来利用较小资源量的可再生资源，这些可用的可再生资源分布在人口集中地区，因此更容易结合现有的输配电系统来开发。例如，在美国，大部分的光伏发电的装机容量规模都小于 500kW，将近一半的装机容量规模都是 5～15kW。

在扩大可再生能源系统规模时通常面临的挑战有：①可再生能源发电相对于传统化石燃料发电的成本要高；②可再生能源发电的并网容量，可能需要新的控制系统来优化多种分布式资源的变化性输出；③经济的多小时储电容量的可用性。在这些领域方面有技术改进的潜力，但持续性地取得进展将依赖于政策或财政奖励。在转变能源结构的大背景下，中美两国在可再生能源利用方面都有所增长。美国方面增长的诱因是：①减少温室气体的排放量；②降低能源的对外依存度；③替换老化的基础设施。中国方面增长的诱因也包括上述前两个方面，同时还要满足其迅速增长的电力需求，特别是工业部门的电力需求。服务业在经济总量中的比重不断增长和城市人口的增多，都对中国能源需求产生了很大影响。美国用了125年才建成今日的能源基础设施，中国借鉴美国和其他工业国家的经验来建设基础设施，发展速度相对比较快。展望未来，中美两国有可能改变可再生能源发展的轨迹，将以更快的速度发展可再生能源发电并解决并网问题，有效地提高可再生能源电力在能源体系中的比例。

二、可再生能源资源评估

与其他可再生能源相比，太阳能和风能可提供更多的潜在能量和电力。在一些特殊的地区，其他（非水电）可再生能源发电的总量在电能中占据了相当大的比例。

凭借较准确的数据，美国详细评估了其可再生资源的技术前景，并重点估算了可再生资源的经济潜力（量化的资源供给曲线和资源运输成本）。但是，在很多情况下，中国目前还只是凭借不是很精确的数据来评估一些能源资源量，在重新评估中国的风能资源时如果采用更高分辨率数据和风电机组轮毂高度，其结果将有助于设计和开发新的风电站。美国就重估了几个州的潜在风能资源。在风能资源评估方面，美国应用了相当准确的资源基础数据和先进的评估技术，而中国也需要做出相同的努力。美国能够为中国提供专家经验的领域包括：①直接辐射资源量评估［聚光式太阳能热发电（CSP）资源潜力］；②深层地热资源［增强型地热发电（EGS）资源潜力］的测绘。

为了规划传统能源资源和可再生能源资源的合理发展，情景模拟变得越来越重要了。情景模拟结合了地理信息系统、经济资源评估、可再生能源技术的最新发展、已有和可能革新的运输方式以及成本分析，这就需要采用耦合模型来设计和分析一系列情景。中美两国在这方面应该加强合作，结合资源规划，共同探寻降低实施成本的方法。

美国能源部和中国政府、学术界以及相关行业正在就生物质能资源评估展开合作，旨在绘制生物燃料资源的供给曲线，但相关转换技术仍有待发展。如果建立了有效的设施来收集生物质废弃物，那么应用生物质—煤混合燃烧技术来利用这些生物质发电就能够降低发电成本，并且能在合适的地区得到应用。把握多层次资源和充分利用基础设施，有助于综合利用生物电力和生物燃料，并促使生物质企业的经济潜力转化为资本。

三、技术开发

近期（到2020年），风能、太阳能光伏、太阳能光热、传统地热能，以及一些生物质能发电在技术上已做好了扩大规模和加速推广应用的准备。经证明，聚光式太阳能热发电处于公共事业规模（美国的经验例子较多），即便存在用水的问题也不能掩盖聚光式太阳能热发电的潜在效益，包括可以降低成本（相对于光伏发电）、可以储存热能，因此聚光式太阳能热发电有可能成为一种可规模化的太阳能发电技术。如果聚光式太阳能热发电能与低水耗和储存技术相结合，则可以成为适合中国建设大规模太阳能发电基地的合适技术。风力发电技术开发方面，虽然适合陆上推广的风电机组设计已日臻完善，但是仍需努力设计出适应暴风雨以及台风天气的海上风电机组。其他可再生能源发电技术也需要进一步发展，尤其是水动力（如波浪和潮汐）技术，以上这些技术可促使可再生能源发电逐步成为主流发电技术。此外，统一的智能电子控制和通信系统覆盖整个电力供应基础设施，将提高可再生能源发电和其他发电互补的可行性并扩大规模。

随着中美两国继续加快建设可再生能源发电设施，若能够建立起有效的信息交流机制，将会为两国带来更多利益。美国在可再生能源推广中获得经验并达到降低成本的目的，而中国可再生能源项目的快速增长也创造了更多获取经验的良机。目前，在海上风电推广应用方面，中国正在赶超美国，并开始计划部署新一代5MW风电机组。这些速效的推广信息可以加强技术评估，有利于全球各国发展可再生能源技术，特别是发展中国家。

此外，中美两国共同努力的方面还包括分析区域性（如大都市地区）分布式光伏发电。强调发展分布式光伏发电有助于快速降低平衡系统的成本，并使整个系统成本更加节约。在建筑上结合太阳能热利用，中国当属世界的佼佼者。同时，中国在太阳能热利用方面的经验也有助于发展与建筑相结合的光伏发电。区域性分析可以优化光伏发电的布局，使其以最佳方式满足特别是用电高峰时期的电力需求和利用现行的输电设施。

在很大程度上，可再生能源发电的推广应用主要受到地域性和间歇性因素的限制，解决这些问题需要额外费用，对于单个可再生能源发电项目，解决这些问题会大大影响它们对传统发电的成本竞争力。中美两国政府在新一代电网技术方面均投入了相当多的资金（2010年两国的投资都超过70亿美元），中国投资了近乎10倍的金额（经济复苏计划中的700亿美元）来建设新的高压传输设施。中美两国需要改变各自的输配电系统，以适应和整合可再生能源电力的大量变化性输出。值得关注的问题包括电网的稳定性、负荷管理、系统灵活性（包括兆瓦级多小时储电），以及电气化运输设施的兼容性。

四、环境影响

中美两国转向可再生能源的主要动机是由于环境和公众的健康利益，包括减少温室气体排放量。生命周期评估作为有效方法，可广泛比较各种发电技术对环境的影响，并确定哪些项目改善最可能得到回报。大部分可再生能源技术有利于减少全生命周期的温室气体排放，并会带来很高的收益。土地使用是可再生能源技术应用面临的重大问题，在扩大可再生能源利用规模时，土地使用显得尤为重要。提高系统效率和运行寿命可减少所有可再生能源技术对环境的影响。此外，鉴于可再生能源设备制造过程中会产生废弃物，特别是制造太阳能光伏发电板所产生的废弃物，中美两国必须实施和执行相应的法规，使这些废弃物减到最少并得到妥善处理。

为了更好地了解可再生能源发电装置对植物和野生动物的影响，以及提出有效减缓影响的方法，中美两国需要开展进一步的研究。通过利用已开发的土地以及其他用地，包括军事和政府用地，应用分布式发电技术来最大限度地减少输电的需求，以降低土地使用所造成的环境影响。在一些生态系统敏感地区，如文化遗产地或高技术密集地区，可再生能源的发展将会受到限制。耗水量是所有热发电技术（包括太阳能热发电和生物质发电）应考虑的主要问题。通过进一步降低耗水冷却系统的成本和提高效率，中美两国能从中获得利益，以扩大低耗水冷却系统的应用规模。

五、政策、推广和市场基础设施

中国政府、美国政府以及美国各州政府都已经制定了可再生能源发电的目标、要求和补贴，但这些目标、补贴和实施机制的水平和具体方法各不相同。中国的可再生能源政策的最大特点是“目标以成果为导向”，其属于国家级水平［比如，至2020年，非化石燃料发电（核电和可再生能源发电）量在总发电量中占15%］。同时，地方提供鼓励政策支持可再生能源设施的生产。美国可再生能源政策的特点是更注重推进国家级特殊技术（如风电技术）与州级市场成果的结合［主要通过可再生能源配额制度（renewable portfolio standards，RPS）来实现]。

中美两国在可再生能源方面最突出的政策方针是直接和间接的价格扶持。美国的补贴主要以对生产者和消费者的税收减免形式来体现。这种补贴形式有效地推动了特定市场和技术的发展。中国的补贴主要体现在政府制定价格以及地方层面的低电价，这种补贴形式有效地推动了相关制造业的发展。中国由于制造业的税收政策和价格控制方面的影响，在可再生能源制造业中获得了更高的市场占有率，特别是在光伏制造市场。此外，中国风电行业的市场占有率也在不断增长。在短短不到十年的时间，中国已跃居世界可再生能源技术制造业的佼佼者。同时，中国将可再生能源技术制造业和国家整体策略相结合，以寻求经济增长。

中美两国都设定了某些特定能源（如风能、太阳能等）的补贴值。这些补贴值一般受到具体的政策目标和宗旨影响，并很难通过竞争性供应能源的实际生产成本来调整补贴值。然而，由于当前的能源价格没有包含外部影响的成本（特别是温室气体排放的影响），可再生能源的发展受到一定限制。在补助暂停期，美国的可再生能源投资遭受了不良影响。这表明，无论是从技术开发还是制造能力投资，价格扶持在新兴的可再生能源市场上都显得十分重要。对美国来说，符合国家级要求的价格扶持（更长期的发电税收抵免或国家的可再生能源配额制度）将向潜在的制造业投资者发出明确信号，并降低其投资风险。

通过更好地明确某些政府机构落实可再生能源计划的能力和职责，以及更好地开展跨机构合作，中美两国将受益匪浅。在美国，多个监管机构常常职责重复，阻碍和耽误了可再生能源项目的应用。在中国，可再生能源目标缺乏明确的强制性机制（如保证风电装置实际运行），而许多扶持性政策得益于风险承担者的大胆尝试，并贯彻于能源的整个发展过程。

由于中美两国尝试向清洁能源经济过渡，其将要面对推广方面的问题。材料限制（如稀土金属，施工设备：桁架臂履带起重机）可能会妨碍一些能源在短期内的发展。如果广泛推广这些技术，那么必须解决劳动力需求（技术熟练的制造人员、安装技术人员和设备操作人员）。此外，操作经验也将成为一个有价值的工具。通过分享可再生能源发电的一体化和管理经验，中美的公共事业及电网运营商必会收益良多。

市场参与方对某项新技术的获悉可有助于降低成本。这些市场参与方为技术制造人员、安装人员和调试人员等其他市场参与方提供反馈，而这些反馈对降低成本起到关键作用。从相关领域中获取可再生能源发电技术的操作信息，并在供应链上分配这些信息，中美两国将受益匪浅。通过建立正式和非正式机制来获得有组织的相互学习的机会，中国的可再生能源发电市场将得到快速发展。

虽然统一性和扶持性政策有助于两国的行业发展，但就长期来说，可再生能源发电的开发商需要把重点放在使可再生能源成本与化石燃料成本相比可以竞争的方面。融资将吸引具有竞争力的平准化能源成本或总拥有成本。在评估新能源发电的投资时，项目开发商应开始重视可再生能源发电的低风险特性，特别应考虑化石燃料价格的不稳定性和温室气体排放的威胁性。

六、转向可持续发展的能源经济

从当前能源系统的基础设施及其对中美两国的经济影响来讲，能源系统的规模和多样性都是不可低估的。持续不断地满足电力需求是可再生能源发展的重要驱动力，但不是唯一诱因。制造、推广和运行可再生能源发电机组也是促使经济增长的潜在因素。某些观点认为，中国在这些方面比美国发展更快。

随着中美将可再生能源发电落实到社会发展中，两国可抓住机遇，在能够产生长远影响的领域加强合作。这不是依靠可再生能源发电技术本身，而是依靠主要的“推动因素”。这些“推动因素”能够形成可持续能源经济的一部分。例如，在市区最大程度地使用可再生能源，通过电气化运输设备来实现优化电动车的充电性能，优化资源和降低发动机驱动的交通工具的污染尾气排放。

美国许多政府机构和学术研究所已经开展了清洁能源研究，而美国国家可再生能源实验室则将各种可再生能源研发和相关的国际评估结合起来。中国国家能源局、中国科学技术部，以及其他部门已经在可再生能源领域建立了许多国家级研究中心和实验室。在特定可再生能源地理布局的基础上，获悉相关研究机构的分布网络具有一定的价值。但是，中国可建立一个机构来主要负责协调可再生能源的研究活动，从而更好地利用其现有的研究设备和避免重复性工作。

虽然中美两国近期增加了在能源研发方面的投资，但两国在清洁能源研发方面的投资却远远不足，这将导致中美两国很难实现所制定的2050年和未来的目标。政府在清洁能源研发方面长期稳定的投资，将向私营行业发出信号，并将给清洁能源的应用研究和商业化带来更多的工业投资。

七、未来合作平台

在本报告中，促使中美两国加强控制可再生能源的因素包含几个方面。从国际角度，气候变化是其中一个诱因。在能源领域，中美两国可采取以下三种主要措施减少温室气体排放量：①减少煤发电的温室气体排放量；②提高能源效率和改善能源储存；③开发可再生能源和其他低碳能源。在过去几十年里，中美两国通过政府和非政府渠道在以上三个领域开展合作。考虑气候变化因素将会促进中美两国继续加强这些方面的合作。

中美两国在可再生能源技术和政策方面的双边合作历史可追溯到 1979 年，包括美国能源部和中国几大部委共同订立的《能源效率和可再生能源技术开发和利用领域合作议定书》（1995 年）。但是，两国在可再生能源的方面的双边合作也遭遇了诸多困难，如缺乏稳定的资金，决策层的政治支持和承诺也不够充足。对工业和经济竞争的担忧往往成为中美两国科技合作的壁垒。

2009 年 11 月举行的中美两国首脑会议上，中美两国签订了一系列关于能源和气候合作的重要协议。如果两国能够有效地实施这些协议，就如同建立了一个可以加强可再生能源合作的平台。可再生能源的合作关系包括若干个项目活动，这些活动能够结合本报告列举的多个建议，如技术路线图、扩展的方案、地方合作关系、电网现代化、先进技术的研发和公私共同参与等。如果建立可持续发展的公私对接，在多年内保持正在进行的交流事务，那么上述公私参与应能够取得最好的效果。此外，该对接不但可以通过协调双边的参与促使两方建立新的合作关系，而且可以作为项目信息、资金或投资机遇的交流中心。

当前合作关系中没有包含的重要领域可作为未来合作的主题，这些领域包括可再生能源先进技术的开发和示范。基于能源分布状况的“合伙人”项目能够支持两国州省（如科罗拉多州—青海、夏威夷—海南）合作，促使两国的州省共同推进可再生能源目标。此外，通过政府赞助，两国研究人员、电网和发电站操作人员可短期互访，这样的人员交流计划能够在可再生能源发电和联网领域创造有组织的相互学习机会，并有助于在未来几年内促进两国的相互理解和信任。

八、建　　议

本报告的具体建议是专家委员会认为的最可能加快推广可再生能源发电、提高成本竞争力或者开拓未来可再生能源市场的建议，专家委员会认为这些建议也是务实和可行的。专家委员会认识到，实施这些建议往往会涉及多个实体，第 1 ~7 项建议倡导增强双边合作，第 8 ~10 项建议针对各自的国家。除了这里列出的 10 条建议外，总报告里还列出了另外 5 项补充建议。

建议1：确保最有效地利用中美两国当前的合作关系，承诺投入稳定的资金来支持这种合作关系，并根据两国专家当前的合作项目开展活动，并促进地方层面在执行方面的合作。

建议2：中美两国应建立一个综合基地，以便于在能源方面开展政府双边合作，包括：①在能够促使可再生能源技术取得未来突破的领域开展基础研究；②共同开展战略性研究，为决策者提供建议；③共同研发先进的可再生能源技术；④共同示范预商用技术；⑤共享区域性可再生能源规划、执行、运行和管理的最优方法。

建议3：中美应加强合作，在区域尺度上共同掌握能源与资源的综合情况和制订可选择的方案。对综合能源资源的把握和评估有助于两国选择更好的方式来进行分布式发电、分析资源开发利用潜在的限制因素（如太阳能热发电的水源供应）和控制最低运输成本。

建议4：中美两国应共同合作，根据需求来改变各自的输配电系统，以适应和整合大量变化性输出的可再生能源电力。这种合作应解决：①保证可再生能源电力可靠性的挑战；②区域规划和公用事业机构信息需求的挑战；③风电联网和太阳能发电联网的成本挑战。

建议5：中美两国应共同开发大规模的物理方法的能源储存系统（大于50MW）。两国在抽水蓄能系统方面均具有经验，目前正在研究扩大抽水蓄能储能容量的方法，以创造更多的电力容量，这些研究将给风能和太阳能发电场带来直接利益。此外，中美两国应加强合作，共同在中国开发和示范压缩空气储能系统（CAES），因为中国目前在此方面没有产业化的经验。

建议6：两国的科学家和工程师应共同合作，以解决废弃物处理和成分回收所面临的主要技术难题。合作的领域包括：①减少或重复使用四氯化硅和其他有毒的多晶硅副产品；②循环使用光伏电池板和风电机组叶片。

建议7：中美两国有管辖权的机构（包括政府部门、国际标准组织和专业学会）应加强合作，共同制订可再生能源发电的技术标准，包括：①产品性能和制造质量控制；②分布式客户地资源和整体式中心站资源的标准电网联网。美国曾经通过国家标准和技术研究所，国家可再生能源实验室（NREL）和专业学会来制订相关的技术标准。通过共同促使电机及电子学工程师联合会（IEEE）制订自愿性国际标准，两国可建立更紧密的合作关系。

建议8：美国应与国内的创新活动同步，针对可再生能源的生产能力开展多机构战略性评估，以确定是否需要提高其生产制造能力。美国应考虑采用筹资扶持的方式来扩大制造基地的规模，以满足当前和近期的推广需要；通过改进过程，提高效率，以及建立机制，来分担私人投资在构建新的生产制造能力时所面临的风险。此外，公私风险分担计划的确定应视为将技术落实到生产制造中。

建议9：中国应建立国家设施，来测试可再生能源电力系统及其子组件的性能和安全特性。比如光伏系统测试，评估小型风电机组的功率曲线等。

建议10：中国应对全国有关的研究中心在可再生能源和相关领域各个方面的能力进行评估。根据评估的能力，某些研究中心可被指定作为先进技术研究中心。作为一种方案，即联合当前多个研究实体来建立一个研究机构，成为中国能源局的下属机构，主要负责可再生能源领域。这个新建的研究机构，不必在所有相关技术方面都是最好的，但是应有能力集成有关先进技术，同时能够理解和掌握从研发到商业化全过程的内涵和综合技术。该研究机构也要对固定研发设备进行投资，以降低私人研究机构的研发成本。

九、未来发展

中美两国正在进入一个关键阶段。在此阶段，两国面临着全球性的挑战，既是合作方，又是竞争者，同时还是市场的主要参与方。两国能力和经验的有效结合，将会加快两国在可再生能源领域的发展步伐，同时也会使这些技术在全球范围内更加容易推广。中美两国将继续把经济发展和能源安全放在优先地位，同时也将继续进行多边对话，以减缓气候变化。随着中美两国相关意识的提升，其在可再生能源发展方面的领导地位和相互合作将成为解决经济发展、能源安全和气候变化等问题的关键措施之一。

第一章 绪 论

作为世界两大能源消耗国，美国是最大的发达经济体，而中国是最大的发展中经济体，因此，中美两国在世界未来清洁能源发展中都将扮演着决定性的角色。从理论上说，中国仅一天的充足日照至少可以满足全国超过10年的能源需求；而美国中部的风能资源高达其当前电力需求的16倍以上（Lu et al.，2009）。当然，终极挑战是怎样以最节约成本的方式来利用这些太阳能、风能以及其他丰富的清洁能源。这不仅要求两国突破时间、空间和能源转换的局限性，还必须将这些清洁能源电力与电力系统的基础设施相结合，而目前的基础设施的设计并没有考虑到清洁能源的分布式及变化性输出的发电。

在提高可再生能源发电份额方面，中美两国面临类似的技术和经济方面的挑战。除了水电、部分风电及地热发电，大部分的可再生能源发电目前与以煤电为基础的基本负荷电力没有成本竞争力。另外，地理因素上，电力需求大的地方与可再生能源优质资源丰富的地方相隔极远。然而，可再生能源电力与传统电力相比有显著的优越性，包括较低的空气污染物排放，低的燃料成本以及多数情况下能相对迅速的应用。

近期美国发展可再生能源发电的驱动力包括：①实质性地降低温室气体的排放量；②提高能源安全性；③刺激国内经济的发展。中国也同样追求相似的目标，正在努力以可持续发展的方式来满足其日益增长的能源需求，从而避免多数工业国家环境不可持续发展的轨迹。

对中美来说，共同开发和推广可再生能源发电技术具有战略性意义。第一，两国在可再生能源领域有长达30年的合作历史，尽管合作的层次及深度不同。第二，两国各具优势，能够协助对方实现当前水平的可再生能源利用。在过去几十年内，美国在可再生能源主要发电技术方面的创新促进了工业的发展。中国的装备制造能力降低了某些可再生能源发电技术的成本，因而使这些技术更具有竞争力。第三，通过共同合作的机会，中美两国可加快可再生能源发电技术的推广利用，实质性地减少温室气体的排放量，从而获得国际社会对中美双方合作成就的认可。

在过去 10 年内，中美两国的科学院和工程院就能源和环境方面共同开展双边研究，并发表了相关报告（NAE et al. , 2007）。这些报告可供国家的决策者、学术研究人员、环境管理人员和地方的决策者参考。同时，这些报告也影响到政府的政策。例如，中国近期决定采取区域性空气质量管理战略，并控制臭氧和细颗粒物（$PM_{2.5}$）的排放。

2008 年，中美两国的科学院和工程院四院同意共同研究可再生能源发电的生产和利用。自 2008 年 12 月起，中美两国的专家委员会已经举行多次会议，并进行两国实地考察，以更好地了解在复杂背景下面临的挑战。这是中美在未来合作中设定优先合作领域的基础，从大范围上看，也是美国和全球清洁能源机构在未来合作中设定优先合作领域的基础。

具体地说，中美两国的专家委员会应提供一份报告，这份报告将：①有助于两国制定战略来达到可再生能源目标；②突出技术合作的前景；③确定未来合作的领域。为实现上述目标，本研究就以下几个方面展开讨论：比较性评估两国的可用于电网规模发电的资源潜力；成熟技术近期的市场机遇；未来进一步合作领域的优先顺序，该优先顺序强调降低成本、提高效率、电网联接以及储能。

针对电网规模发电，本研究将重点放在三大能源资源的短期商业利用上，即风能、太阳能和生物质能。同时，也考虑到了能源资源的长期商业化应用，如增强型地热发电和水力发电。虽然热利用和水力发电在中美两国的可再生能源份额中占重大比例，但本研究不对水电或非电力应用（主要是热利用）做详细探讨。

本研究以 2009 年的报告——《可再生能源发电：现状、前景和困难》（NAS et al. , 2010a）为基础。上述报告对美国的各种能源技术的风险和利弊进行了评估，其中的大量信息也同样适用于中国。本报告对贸易、知识产权和经济竞争力这些问题予以了界定，但未作深入分析。

总而言之，中美两国的专家委员会认为，任何合作中存在的障碍都是可以克服的，并且两国皆能从合作中受益。尽管两国之间存在亟待解决的竞争性问题，但合作的收益将远远大于投入的时间和精力。

专家委员会也认为可再生能源和中美关系都是一个动态的领域。这使得数据更新和发展现状更新比较困难，特别是涉及风能和太阳能光伏的成本数据和装机容量方面。总体来说，专家委员会决定不提交历史的成本数据，而是讨论影响可再生能源发电成本的因素。本报告中的信息均以 2010 年年中可获得的数据为基础，数据来源绝大部分来自正式的官方数据。

一、资源、技术和环境影响

在第二章，中美两国的专家委员会将集中详述丰富的可再生能源资源，特别是风能和太阳能资源。例如，中国估算其可用的可再生能源资源能提供年总量为（12～14）$\times 10^{15}$kW·h的电力。但是，两国在利用其最丰富的能源资源时也面临着重大挑战。例如，美国最丰富的风能资源主要分布在大平原（远离主要的电力需求中心）或海上（这使得对景观的影响及其他方面的担忧会延迟海上风能的开发）。中国最佳的风能和太阳能资源分布在高原沙漠地区（同样远离电力需求中心）或在其他甚至完全没有电网设施的地区。

此外，中美两国还拥有其他可用的可再生资源，如生物质（包括废弃物）、地热资源、海洋资源和水动力资源。在过去的几十年内，水电一直是最主要的可再生能源发电。然而，美国已经开发了大部分的水电资源潜力。中国则希望继续建设小型和大型水电站，以满足其能源需求和降低煤炭消耗。但是，随着时间的推移，水电在中国的可再生能源发电中所占的份额将会减少。

中美两国通常评估某种可再生能源单独的价值，有时候一些资源显得不够丰富，但其实很多可行的可再生能源资源却受到忽视。目前，美国正在测绘更高分辨率的能源资源分布图（从5km×5km到500m×500m），在区域分布图上显示能源资源和电网基础设施，并绘制成本曲线图来选择经济可行的可再生能源资源。本报告第二章将详细介绍以下两个方面：①促进可再生能源区域性应用的方法；②讨论中国怎样从更完善的能源资源评估中得益。

本报告第三章重点将探究可再生能源发电技术的成熟度，强调中美两国近期商业化利用的技术。本章不仅根据上述NAS等（2010a）报告作出极大更新，还另外讨论了中国在研发各种可再生能源发电技术方面的进步。在聚光式太阳能光热发电和地热发电领域，美国远比中国有经验。除此之外，中美两国开发和推广的可再生能源发电技术都是相似的。例如，在风电机组推广方面（应用增长最快的可再生能源），两国都是世界的佼佼者。另外，第三章还介绍了辅助性技术，如提高电网装机容量和加强储能系统。

中美两国关注的另外一个焦点是可再生能源发电的成本竞争力。目前的电价不包含某些外部成本（如二氧化碳排放的影响），因此，可再生能源在价格方面处于非常不利的地位（NRC，2010a）。然而，两国可抓住良机，共同提高许多可再生能源发电技术的转换效率和利用率，从而增强可再生能源发电的价格竞争力。此外，提高系统各部件的平衡性，增强能源资源预测和提高电网可连性可以降低可再生能源发电的成本。但是，只有随着可再生能源推广经验的增长，成本才有可能降低。本报告中所谓的“组织学习”为中美两国提供机会，促使两国共享信息，以改善整个可再生能源发电系统的性能。

本报告第四章将讨论中美两国的期望，即减少能源消耗对环境的影响，特别是空气污染。这一直是促使两国使用可再生能源代替化石燃料的主要驱动力（NAE et al.，2007）。随着中美两国努力改善空气质量和减少温室气体的排放，可再生能源发电技术的推广利用变得越来越重要。在评估不同发电技术带来的（积极和消极）影响时，生命周期分析是有价值的评估方法。此外，随着私人可再生能源发电站和所需的制造基地规模的扩大，中美两国也应考虑它们对环境的影响。例如，某些光伏制造过程需要消耗大量能源，并产生有害废物流，这些都需要去考虑其环境的影响。

二、政策和经济利益

在加速发展可再生能源发电时出现的许多障碍都是非技术性的，并且这些障碍是由当前的能源政策和电力市场所引起的。在本报告的第五章，中美两国的专家委员会将详细比较和对照分析中美两国的政策方针。政策是维持中美两国可再生能源发展的关键性因素，而两国在不同阶段采取了不同措施和方法来给予支持，缘由各异。一般来说，美国采取的措施体现在减免税收，以及在州层面的一系列的倡议，旨在为可再生能源电力创造市场需求。税收减免通常是扶持项目开发，但并没有一定扶持生产制造业。与此相反，中国直接通过《中华人民共和国可再生能源法》（2005）发布国家政策和目标，以支持可再生能源的开发。在省和地方政府层面上则更直接支持制造业的发展。但是，由于可再生能源法的实施细则未能及时颁布，某些政策和法规实际上未能全部执行。

过去的能源政策、法规和补贴是清洁能源项目成功与否的决定性因素，也是可再生能源发电目标是否能实现的决定性因素。在所有发达国家和发展中国家，能源补贴过去的形式和当前持续的形式均使得清洁能源在市场中处于不利的经济地位。中美两国最突出的政策是价格扶持。针对不同能源（风能、太阳能等），两国设定了不同的补贴值。在本报告的第五章，中美两国的专家委员会将探究两国以结果为导向的激励政策如何克服障碍和促进可再生能源发电快速、可持续地发展。

在中美两国的能源政策中，国内能源安全（特别是降低对石油的依赖性方面）处于优先地位。但对开发可再生能源发电来说，这些能源政策只是起到间接性扶持作用。然而，国家优先权有时也会体现出可再生能源发电的其他优势。例如，中国已经迅速将可再生能源产业作为清洁能源的经济“支柱”。虽然美国总统奥巴马在能源方案演讲上间接提到可再生能源发电，但是美国却迟迟没有抓住发展可再生能源行业的良机。

我们的竞争对手已经意识到时代的伟大机遇。我们要么直面这个伟大机遇，要么将未来拱手相让给我们的竞争对手。这就意味着，世界新清洁能源开发的领先国就是21世纪全球经济的佼佼者。

在本报告的第五章，中美两国的专家委员会还分析了可再生能源技术的商业化应用面临的相关挑战，特别是当这些产业日渐成熟和规模日益扩大时。在可再生能源的商业化应用方面，中美两国均面临着许多市场障碍和物流配送障碍。例如，随着某些材料（如风电机组需要的钢铁，或光伏电池需要的多晶硅）的需求量增长，可能出现的供应瓶颈，虽然会暂时影响增长，然而，这些瓶颈可能促使资源节约和使用替代材料方面的创新。此外，不断增长的可再生能源行业不仅要求制造领域具备熟练的技术工，还需要满足下游行业的需求，以及对安装、运行和维护岗位进行培训。总而言之，尽管中美两国政府在2008年和2009年均对可再生能源行业进行了投资，但是金融风险仍然使得可再生能源行业的投资减少。

三、规模的挑战

如前面表1所示，发电规模对电力企业的影响不可低估。目前，虽然可再生能源发电迅速增长，但其在总发电量中的份额仍然很小。2008年，全球非水电可再生能源发电的装机容量达到280GW，而中美两国共占90%（REN 21，2009）。但需要正视的是，2007年全球非水电可再生能源发电总量（EIA，2010）仅能供美国六周的电力需求量。随着时间的推移，水电的所占相对比例将会降低。必须大力提升风能、太阳能及其他可再生能源发电的份额，以提高可再生能源市场占有率。

本报告第六章将探究可再生能源的整体基础设施和长期发展前景。引起美国可再生能源利用状况变化的主要诱因是：①减少温室气体的排放量；②降低对外国能源资源的依赖；③替换老化的基础设施。中国方面的诱因除了前两点外，在改变能源结构以降低对煤炭的依赖性时，中国优先考虑的是满足其迅速增长的电力需求。美国用了125年的时间才建成今日的能源基础设施。虽然中国是根据美国和其他工业国家的应用模式来发展基础设施，但其发展速度相对比较快。展望未来，中美两国将有机会使可再生能源电力以更快的速度发展及并入电网。

四、竞争者之间的合作

中美两国正在进入一个关键阶段。在此阶段，两国面临着全球性挑战，既是合作方，又是竞争对手，同时还是市场的主要参与方。就目前来说，没有其他领域比能源和气候变化更重要。在本报告第七章，中美两国的专家委员会就以下几个方面展开评估：①两国在能源和气候变化领域合作的历史背景；②胡锦涛主席和奥巴马总统共同开创的中美合作新纪元；③中美两国在国际能源和气候问题探讨中扮演的角色；④怎样在未来几年内扩大合作规模。

对中美两国来说，开发可再生能源是减少温室气体排放和在未来实现能源可持续发展的主要措施之一。虽然目前其他国家在开发可再生能源领域处于领先地位，但是在未来几年内中美两国将成为可再生能源应用的两大市场。2008年，中美两国已成为全球风电的两大市场，并且在未来几年内保持领先地位。美国在太阳能应用领域比中国先进，而中国在光伏产品制造方面胜于美国。近期，中国承诺在国内扩大光伏技术的应用规模。简而言之，中美两国在可再生能源领域能取得领先地位，并将从两国的可再生能源合作中得益。

中美两国的共同努力将促使可再生能源应用扩大规模，并降低技术方面的相关成本。同时，这些努力将推动两国实现共同承诺，即在面对全球气候变化时转向发展低碳经济。此外，中美两国之间更全面的合作能够促进两国可再生能源快速而广泛的利用。

中美两国之间的工业及经济竞争通常会变成两国科技合作的障碍。只有通过相互理解和信任，两国才能减少这些障碍。总而言之，经证实，中美关系是全世界最重要的双边关系，而中美两国在可再生能源领域的合作将为中美关系奠定更牢固、更有效的基础。

第二章　资源基础

中美两国均拥有丰富的可再生能源资源。在本章中，中美两国的专家委员会将介绍更先进的非水电可再生能源资源，即风能、太阳能和生物质能。这些非水电可再生能源将为两国的电力供应作出重大的贡献。继此之后，本章将总结美国的地热能资源和水力资源最新的开发利用情况，可供中国参考。由于中国对可用于发电的可再生能源资源的评估尚处于相对早期的阶段，所以本章还会介绍美国在这一领域的经验，这些信息应该可以指导中国在这一领域里提高其自身的能力。

一、可再生能源资源的评估

在确定某种可再生能源资源的发展潜力时，评估其质量和数量是复杂但必要的步骤。评估某种资源的发展潜力包括诸多方面，如技术、经济或地域性特征等方面。

理论储量是指评估值的最高界限。例如，Lu 等（2009）估算中美两国的风能的理论储量分别为 160EJ 和 320EJ。

技术开发量是指在不考虑成本的情况下，所有合适的能源转换技术可以开发的能源总量。评估技术开发量需考虑地域限制（如地形、气候、环境条件、生态限制、文化问题等）。随着可再生能源技术开发量的评估方法和评估技术的日益完善，评估的不确定性逐渐降低，评估结果的可信度逐渐提高。

经济开发量是指在特定价格下的供应曲线上显示的资源总量。计算某种资源的经济开发量的方法十分复杂，需要考虑能源、环境、经济和社会因素。如果在计算中考虑了可持续发展因素，那么对于某个特定区域，经济开发量又可定义为“可持续发展潜力”。具体地说，可持续发展因素可以是本地性、国家性或国际性的［如由能源或其他经济活动扩张直接或间接引起的土地使用变化（参见第四章）］。

区域储量评估包括某一地理范围内的多种资源的储量（某一特定区域内多种

资源的总量)。区域储量评估可结合现有设施(传统发电和输电)的地理信息和经济信息,为政策制定者、行业和项目开发商制定综合能源规划和发展。随着可再生能源技术的成本下降,可能可以重新评估那些拥有低质量风能和太阳能资源的地区的潜力。

大多数可再生能源发电必须安装在可再生能源资源的能流附近。因此,可再生能源资源具备地方性和区域性特点。这就意味着,即使某一资源发电量在国家的总发电量中所占的份额不大,但是该资源发电量可能在当地的总发电量中占极大份额。例如,如有需要,可保存生物质,用于满足特定地区的需要,尽管会面临一些问题,包括经济地运输生物质的距离限制,以及能够循环开启或关闭的发电技术能力(例如满足在高峰期或间歇期的用电需求)。

以下各小节将介绍风能、太阳能和生物质能的定量特征优势,并重点举例说明这些资源的技术和经济开发量。同时,将提供一些与地热能和水力能相关的信息。

二、风力发电

(一)美国的风力发电

据 Elliott 等(1991)的研究估算,主要来自风力 3 级或以上的地区,以及 50m 高的风电机组轮毂。美国陆上风能资源(3 级或以上风力,利用率达 30% 或以上)的发电技术潜力为 11.4×10^{12} kW·h/a,按能量单位计算的话,11×10^{12} kW·h 等于 40EJ,或相当于美国 2007 年一次能源需求的 40%。到 2010 年为止,由于风电机组技术改进、多风地区的特征和利用,以及风电机组轮毂高度的增加,风能的技术潜力大大地增加了。如表 2-1 所示,由于技术改进,空间分辨率提高 25 倍(从 5.0km×5.0km 到 0.2km×0.2km),以及 80m 的风电机组轮毂高度,使得风力资源的技术潜力翻了 3 倍,达到 36.9×10^{12} kW·h(或 135EJ 能量)。如图 2-1 所示,印地安纳州风力资源的技术潜力随着风电机组轮毂的高度变化发生极大的变化。当印地安纳州的风电机组轮毂高度从 50m 升到 100m,其风速强度也极大地提高了。

表 2-1 美国多风地区的表征，风能资源的技术潜力（无损失）

多风地区的表征			主要变量		风能的技术潜力			参考
总面积 /$10^6 km^2$	除外面积 /$10^6 km^2$	可用面积 /$10^6 km^2$	轮毂高度 /m	空间分辨率 /km	装机容量 /（5MW /km^2 GW）	年总发电量 /（10^{12} kW·h）	年总发电量 /EJ	
2.57		1.04	50	5.0×5.0	5 200	11.4	40	Elliott et al.，1991
2.57			80	0.2×0.2～5.0×5.0	7 000～8 000	15～20	50～60	Elliott，2010
2.57	0.47	2.10	80	0.2×0.2	10 500	36.9	135	AWS Truewind，LLC，NREL，2010

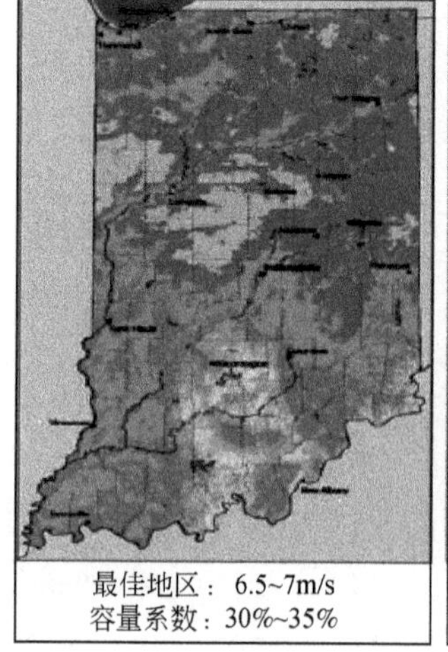

(a) 50m高处的风速

风速/(m/s)
最佳地区：7.0~7.5m/s
容量系数：35%~40%

(b) 70m高处的风速

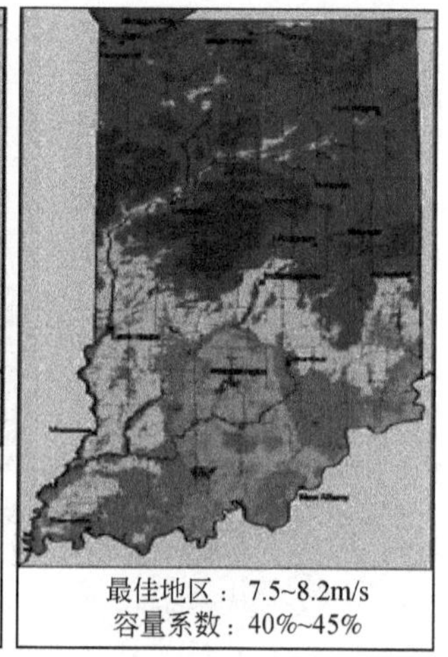

(c) 100m高处的风速

图 2-1 美国印地安纳州 50m、70m 和 100m 高处的风能比较

资料来源：DOE，2008a

1. 开发潜力

陆地上的风能资源模拟研究显示，大规模的风能资源开发可能影响风能的地理分布和（或）长期变化（年间或年际间），甚至可能改变风能开发的外部条件，或可能改变气候条件。因此，模型计算结果显示，大型风场的风能利用不仅限制了大型风场的效率，还可能明显地影响局地、大陆，甚至全球的气候（Keith et al.，2004；Roy et al.，2004）。

然而，值得注意的是，统计法和动力学降尺度数值模拟方法的风能资源评估结果差异很大（Pryor et al.，2005，2006）。大尺度风能资源数值模拟是一个新兴的研究领域，而全球性和区域性气候模型（GCMs and RCMs）并不能完全地重现历史的趋势（Pryor et al.，2009）。最近的研究（Kirk-Davidoff and Keith，2008；Barrie and Kirk-Davidoff，2010）分析表明高垂直分辨率的数值模拟可以改进模拟效果，因为这样可以考虑大型风电场引起的动力下沉效应，而不是简单地看作粗糙度的增加。

相关的几个研究（如 Pryor et al.，2005，2006）表明，在22世纪，北美的平均风速和能量密度仍将处于年际变化范围内（±15%）。但是，我们需要更加精细的中尺度模式和测量来确定美国可利用的风能储量，并确定在不严重影响环境的情况下可以利用的风能储量有多少。同时，正在开发一些模式来确定风场间的最佳距离，以使电力损失降到最低（Frandsen et al.，2007）。

假设区域性和全国性的风场可用能源的上限是20%，并且美国陆上风能发电总值为 11×10^{12} kW·h，那么潜在可开发风能发电的上限估值为 2.2×10^{12} kW·h。这个数值超过了美国2007年总发电量的一半。

以2010年技术开发量估算为基础，在仅考虑美国大陆上风力3级及以上地区的情况下，风能的可开发量为 7×10^{12} kW·h（AWS Wind LLC and NREL，2010）。这个发电水平超过了 5.8×10^{12} kW·h（美国能源信息署估计的2030年的电力需求）（EIA，2007）。虽然风电机组本身所占面积比较小，但美国仍需利用5%的大陆土地面积来实现风能开发利用（仅利用陆上风能），不包括受保护的土地（如国家公园、原始地区等）、不适宜的用地（如市区、飞机场、湿地和水景），以及其他地区，这些共占美国大陆面积的17%（AWS Wind LLC and NREL，2010）。

2. 经济评估

可利用模式集合的方法来确定可再生能源在未来某个特定市场占有率情景下的供给曲线。该集合模式应考虑以下因素：①资源总储量；②可再生能源发电领域的产品技术在未来的发展，包括生产制造、安装和操作；③有（或没有）特定政策时所需的资本投入和经济发展；④可再生能源发电并网、配电和终端系统，以及所需的基础设施维护；⑤市场占有率。根据某些发电技术的拟合曲线来预测其生产成本。

对上述有可再生能源发电情景下的总费用与无可再生能源发电的基准情景下的总费用（如采用纯现价）进行对比，可以为政府、工业和其他机构在考虑社会和私人投入产出、参与制定可再生能源投资战略和政策方针时提供有价值的信息。

美国能源部（DOE）、国家两大实验室［美国国家可再生能源实验室（NREL）和劳伦斯伯克利国家实验室（LBL）］、美国风能协会、博莱克·威奇工程咨询服务公司以及合作方共同估算了一种特定情景下风能资源的经济开发量。模拟“2030 年达到 20%”的情景，表明美国的目标是在 2030 年使风力发电的市场占有率达到 20%（DOE，2008），其估算的发电量为每年 1.2×10^{12}kW·h，占美国发电总量的 20%（EIA，2007）。为达到上述情景中的市场占有率，估算中考虑了技术、生产制造、就业、传输、并网、市场、选址战略，以及潜在的环境影响等方面的挑战和要求。

本报告分析的数据和使用的模型是以 2006 年的数据为基础（在 2007 年中期获得 2006 年的数据）。正如所料，由于数据的分辨率是 1km×1km（在某些情形中是 5km×5km），且初期研究并未开展相关的敏感性试验，因此模拟的风资源技术开发量大于 8000GW（装机容量），这个数值处于两个估算值之间，参见表 2-1。

图 2-2 给出了在“2030 年达到 20%”情景下，以 2007 年模型为基础估算的

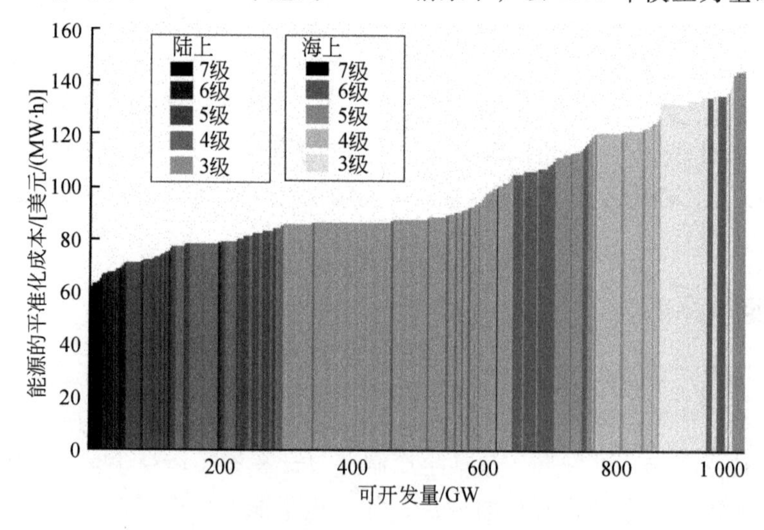

图 2-2　模拟美国风能资源的经济开发量

注：以供给曲线的形式表示，其中能源的平准化成本包括连接 10% 现有传输电网容量的费用（风能资源 500 英里范围内），但不包括发电税收抵免

资料来源：DOE，2008a

美国陆上和海上的风能供给曲线（经济开发量）。陆上最低成本的风电来自5～7级风，占总装机容量中的50GW；3级和4级风的成本较高，占总装机容量中的750GW。如果使用轮毂高度为50m的风电机组每年发电1.1×10^{12}kW·h的话，装机容量则需达到300GW。在这种情景下，陆上风能资源可负担的装机容量（经济开发量）为800GW。

上述模型估算的陆地上需要安装的风电机组和相关基础设备需要1000～2500m^2的专用土地（相当于罗得岛的面积大小）。因此，风电机组和相关设备实际上只占用了项目用地总面积的2%～5%。这就意味着，某些农业用地能同时满足风力发电、农作物和畜牧产品生产的需求。

本情景的关键性假设包括降低35%的操作和维护成本（减轻投资风险），并加强奖励（发电税收抵免），以维持投资者们的信心。据估算，输电系统需增加1.9万英里的线路，以满足额外的300GW电量的传输需求。图2-3显示的高压输电系统是重大基础设施建设的一部分，而未来20年将成为这些重大基础设施建设的重要时期。

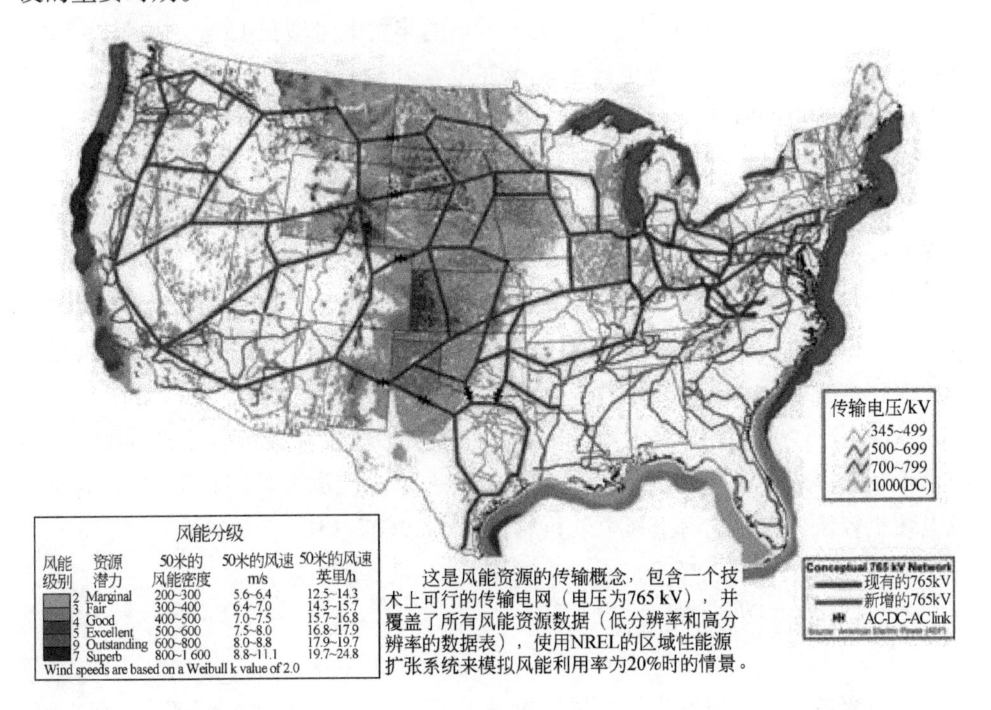

图2-3　美国国家可再生能源实验室区域性能源扩张系统情景模拟图（风能利用率为20%）

资料来源：DOE，2008a

3. 海上风能资源储量

假设风电场的风能资源可开发量为20%，由此估算的美国海上（5～50海里的距离）可开发的风能为907GW（Musial and Butterfield，2004），相当于每年发电1.6×10^{12}kW·h（几乎是美国2007年发电总量的40%）。这些地区的水深从30米至900多米，各有差异。利用“在2030年达到20%”情景下的许多近期数据预测了美国海上风能资源的技术开发量，包括浅水发电和深水发电，共约4000GW，或大陆沿岸风能资源一半的技术可开发量（AWS Wind LLC and NREL，2010）。图2-2中模拟的经济开发量，显示了海上和陆上供给曲线的重叠量约为50GW。

4. 陆上和海上的风能资源

“2030年达到20%”情景中包括了50GW的海上风能资源和250GW的陆上风能资源每年提供1.2×10^{12}kW·h的发电量，并在未来20年内减少10%的成本，装机容量增长15%（相当于每个风电场的年发电量增长15%）等假设条件。这些乐观的假设至少可以由更高的技术开发量和额外的资源（轮毂80m以上的风电机组可获得的资源）共同实现。这将增加低成本能源的供应，同时提高其经济开发量。

数值模拟方面，应使数值模式本身考虑多种情景和最新数据，改进模式子模块，开展敏感性试验和非确定性预报（使用蒙特—卡罗法，多变量及其他方法）。此外，由于美国大陆沿岸居住着大量人口，因此，海上风能是该人口集中区域的一种可再生资源。目前，美国有些州正在一些地区集中开发海上风能资源。而在这些地区，陆上风能资源已经得到了很好的开发利用。

欧洲也已经开始开发海上风能资源，并开展了许多大型和小型的项目。这些项目正在发展建设中或处于规划阶段。欧盟的27个成员国共拥有1.5GW的海上风电装机容量，而总的海上风电装机容量为64.9GW（IEA，2008）。

（二）中国的风力发电

中国幅员辽阔，海岸线长，风能资源丰富，开发潜力巨大。2006～2009年，中国气象局风能太阳能资源评估中心（CWERA）绘制了中国的风能资源图谱（图2-4），该图谱包括中国陆地及其近海各高度层上水平分辨率5km×5km的风能资源分布图。该图谱的信息是以 1971 ~ 2000 年的历史观测资料为基础，并采用数值模拟技术而得出的（CAE，2008；Zhu et al.，2009）。此外，采用 GIS 空间分析技术，结合地形、土地利用等各种地理信息数据，划定了风能资源不可开发和限制开发区（CAE，2008；Zhu et al.，2009），表 2-2 总结了该模型的参数和结果。此外，考虑中国严格的耕地控制和保护政策，将农田也划入不可开发风能的区域。对于地形，考虑 GIS 定义的地形坡度在 4% 以上的区域为不可开发区，0 ~ 4% 范围内的潜在开发量为 0 ~ 5MW/km^2。

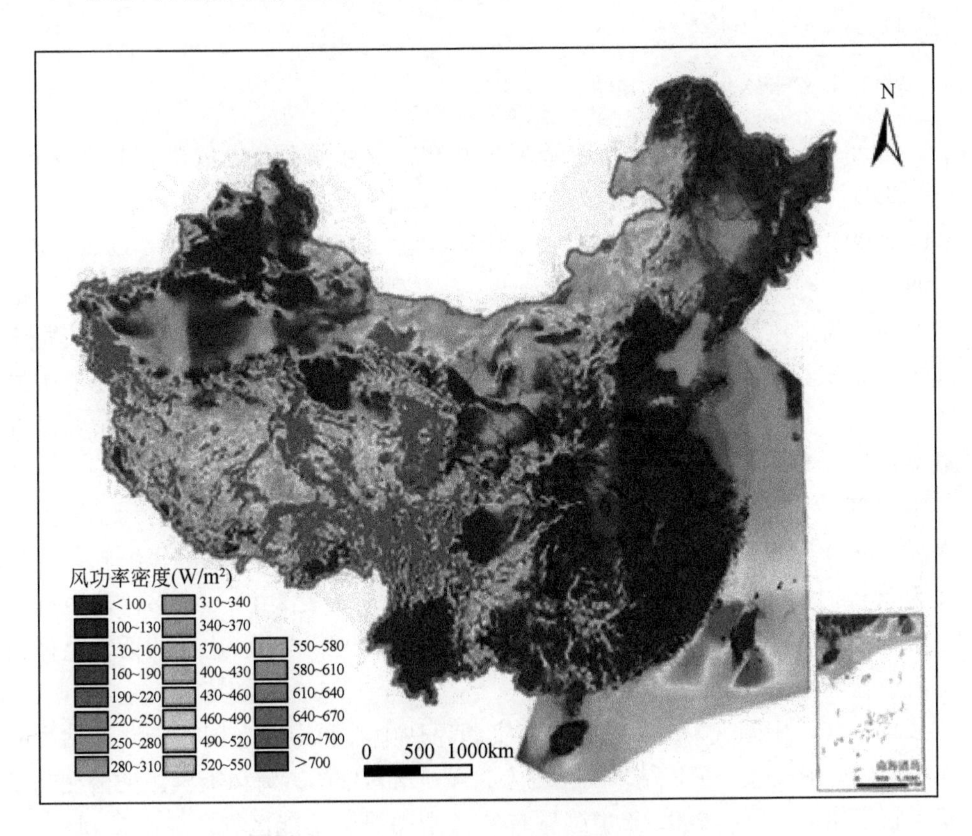

图 2-4　中国地面 50m 高处风功率密度的分布

表 2-2 显示了中国 3 级及以上风能资源储量，堪比美国。但是，除了不考虑的地区外（主要是因为海拔），中国可利用的资源及其技术开发量显得非常小，大概是美国的一半。中国大部分风能资源集中在西藏自治区和青海省。但是，由于这些地方的海拔特别高（ >3.5km），因此在计算中国的风能资源时不考虑这些地区。

表 2-2　中国多风地区的特征，风能（3 级及以上风力，利用率达 30%或以上）的技术开发量（无损失）

多风地区的表征			主要变量		风能的技术潜力		
总面积 $/10^6 km^2$	除外面积 $/10^6 km^2$	可用面积 $/10^6 km^2$	轮毂高度 /m	空间分辨率 /km	装机容量 /（$5MW/km^2$ GW）	年总发电量 /（10^{12} kW · h）	年总发电量/EJ
1. 46	0. 69	0. 77	50	5 × 5	2 380	5. 2	19
3. 60	2. 81	0. 79	70	5 × 5	2 850	6. 3	23
4. 19	3. 14	1. 05	110	5 × 5	3 800	8. 4	30

资料来源：CWERA and CMA，2010

2008 年，风电并网的装机容量为 9. 4GW，而并网的总发电量为 1.48×10^{10} kW · h/a。这就意味着，每台风电机组平均每年的发电时间约为 1580h（Li and Ma，2009），风力发电项目的平均利用率约为 18%，低于期望值（Li and Ma，2009）。

如果陆上风能的技术开发量为 2380GW（表 2-2），且利用率为 25%，那么陆上风力发电的技术开发量约为 5.2×10^{12} kW · h/a。这个数值超过了中国 2007 年的总发电量（3.2×10^{12} kW · h）的 1. 5 倍。因此，可开发利用的潜在风能资源（技术可发量的 20%）（AEF，2010）为 1.04×10^{12} kW · h/a，相当于中国 2007 年总发电量的 30%。事实上，这可能是一个过低的估计，因为数据的空间分辨率很低，且风电机组轮毂的高度只有 50m。当风电机组轮毂的高度为 80m 时，可利用的潜在风能资源可增长 30%（表 2-1）。如果评估数据的分辨率也有所提高的话，将有更多的高风能区被揭示出来。这样的话，整体估算值就会随之增长。

2009 年，中国气象局风能太阳能资源评估中心和中国太阳能资源评估中心在全国风能资源数值模拟结果的基础上，又一次对中国近海风能资源的潜在开发量进行了评估。根据 2002 年中国颁布的《全国海洋功能区划》中对港口航运、渔业开发、旅游以及工程用海区等的规划和 60 个用于开发波浪、潮汐等海洋能利用区，认为 20% 的海面可以进行风能资源开发利用，即假设近海风能开发的综合制约系数为 0. 2。最终结果（表 2-3 和图 2-5）显示了中国近海风能的技术开发量为 200GW。这个估算的条件是：①3 级及以上风速；②50m 海拔高度；③水深 5 ~ 25m（CWERA and CMA，2010）。

表 2-3　中国近海风能资源潜在开发量　（单位：GW）

风能分区的等级	风力 >4 级 风功率密度≥400W/m^2	风力 >3 级 风功率密度≥300W/m^2
50km 内的海上区域	214	342
20km 内的海上区域	62	125
25m 等深线内的海上区域	87	197

资料来源：CWERA and CMA，2010

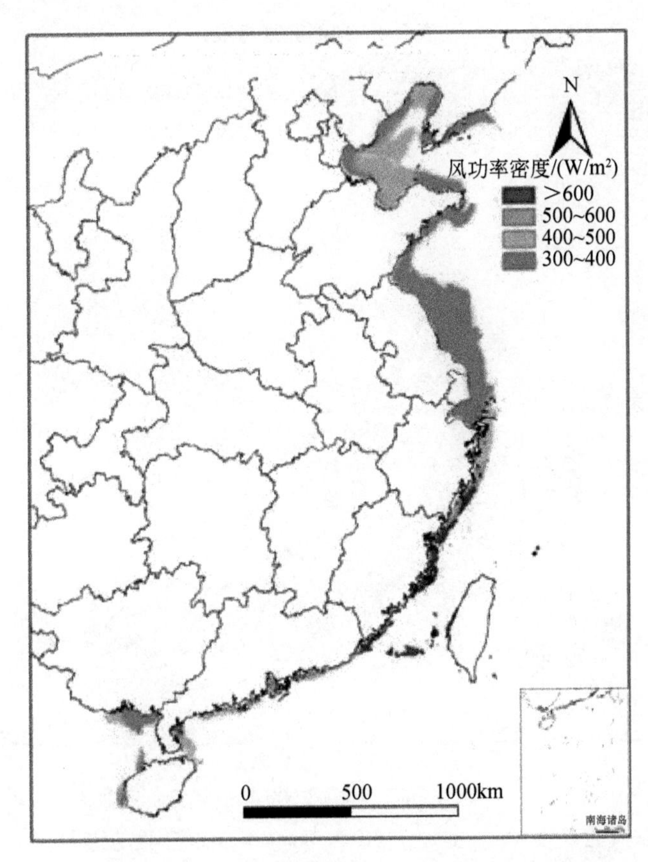

图 2-5　中国近海水深 25m 范围内的 50m 高度年平均风功率密度分布
（轮毂高 50m，应用数值模拟，不包括在过去 45 年内遭受强和超强台风影响的地区）

注：相应的风功率密度（风级）：>600W/m^2（即 >6 级风力）；500 ~ 600W/m^2（5 级）；400 ~ 500W/m^2（4 级）；300 ~ 400W/m^2（3 级）；200 ~ 300W/m^2（2 级）；<200W/m^2（1 级和 0 级）

1. 风能资源区划

风能资源的形成受到多种因素的影响，其中天气气候、地形和海陆的影响最为重要。由于风能资源在时间和空间分布上存在着特别强的地域性和时间性，所以寻找风能丰富的地带对风能资源的开发利用就显得尤为重要（表2-4）。中国风能资源丰富区主要分布在北部及沿海两大地带（CMA，2006）；风能资源贫乏区分散在以四川盆地为中心、包括陕南、湘西、鄂西以及南岭山地和滇南的区域，以及西藏雅鲁藏布江河谷和新疆塔里木盆地（图2-6）。

表2-4　风能区划标准　　（单位：W/m^2）

	丰富区	比较丰富区	一般区	贫乏区
年平均风功率密度（距地面50m高度）	>150	100～150	50～100	<50

资料来源：CWERA and CMA，2010

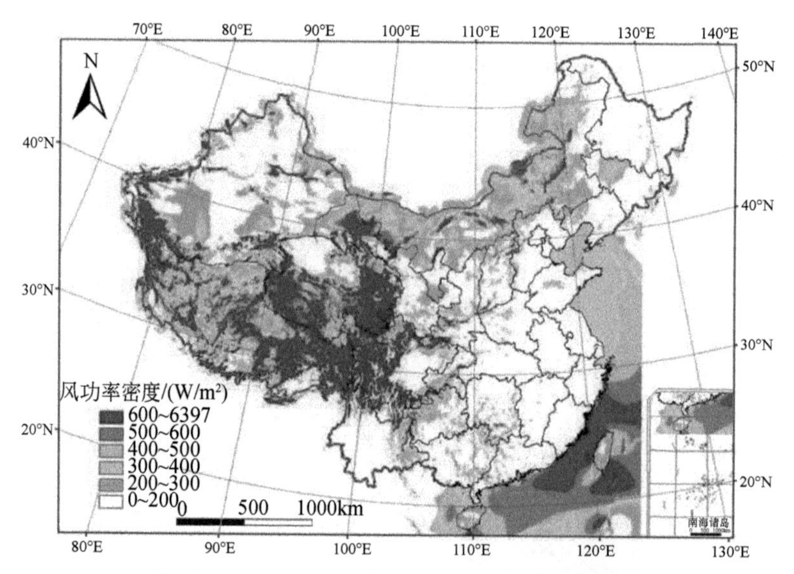

图2-6　中国气象局2006～2009年的风能资源数据

（轮毂高50m，空间分辨率为5km×5km，应用数值模拟）

注：相应的风功率密度（风级）：>600W/m^2（即>6级风力）；500～600W/m^2（5级）；400～500W/m^2（4级）；300～400W/m^2（3级）；200～300W/m^2（2级）；<200W/m^2（1级和0级）

北部风能资源丰富区具有风电开发的五大优势：①盛行风稳定，冬季偏北风，夏季偏南风；②风速随高度增加得快；③破坏性风速小；④地势平坦、交通方便、工程地质条件好；⑤地表多为荒漠、草原或退化草场，几乎无基本农田占用问题。沿海风能资源丰富区盛行风向稳定，没有低温影响，电网条件好，离电力负荷中心近，具有较大的风能资源开发潜力，但这一风能资源丰富带在陆地上仅限于离海岸线3km范围内，可供风能资源开发利用的面积十分有限。此外，东南沿海地区地形复杂，湍流度大，台风易造成破坏性的极端风速。而且工程地质条件复杂，对生态环境影响较大。青藏高原北部的风能资源较丰富区属于藏北高原，空气稀薄、人口稀少，随着电网、交通等条件的逐步完善，这里的风能资源将来也可以开发利用。

2. 总结

中国风能资源丰富，适宜发展大规模并网型风力发电的地区主要分布在内蒙古、甘肃酒泉、新疆哈密和吐鲁番、河北张北和承德、吉林和辽宁西部以及中国沿海地区。总的来说，中国陆上的风能储量比海上高。随着中国电网、交通和风电技术的发展，还有望发展并网发电的地区有新疆伊犁、环青海湖地区、甘肃中部、内蒙古通辽和赤峰、陕西和山西等地。中国很多地区具有发展小型离网风电的前景，主要散布在甘肃、宁夏、山西、河南、云南、贵州，以及黑龙江、辽宁东南部和山东中部山区。

中国近海风能资源丰富，沿海海域的风能资源等级都在3级以上，满足建设并网型风电场对风能资源的要求。风能资源最丰富的近海海域是福建、浙江南部以及广东东部沿海，其次是广东西部、海南、广西北部湾、浙江北部以及渤海湾的近海海域。满足近海25m水深风能开发条件的区域主要分布在江苏、渤海湾和北部湾的近海海域，受台风灾害影响的海域主要分布在福建泉州、广东茂名、雷州半岛西边、海南以及台湾等地的近海海域。

中国陆上4级及以上风能资源潜在开发量约为1130GW，3级及以上风能资源潜在开发量为2380GW，近海4级及以上风能资源潜在开发量约为92GW，3级及以上风能资源潜在开发量为188GW。综合上述结果，中国4级及以上风能资源潜在开发量为约为1222GW；3级及以上风能资源潜在开发量为2500～2700GW；而2级及以上风能资源潜在开发量为3940GW（CWERA and CMA，2010）。

三、太阳能发电

（一）美国的太阳能发电

美国拥有丰富的太阳能资源。如果采用230W/m^{2}作为代表中纬度昼/夜太阳辐射量的平均值，$8 \times 10^{12} m^2$ 作为美国大陆的面积，那么单位面积下的年平均太阳能发电量为 1.84×10^6 GW。因此，在 10% 的转换效率下，利用 0.25% 的美国大陆土地面积，每年能产生 4.2×10^{12} kW・h 的电量，相当于美国 2007 年的总发电量。当然，这些太阳能发电量的实现需要依赖相关技术的有效应用，而现有的技术在实际应用中受限于多种因素，包括设施选址区域的日照质量，能承受太阳能变化性电力输出的电网能力，以及在特定区域里是否存在其他发电资源。

1. 太阳能光伏发电

平板型太阳能光伏组件有效地利用了太阳直接辐射和散射辐射。因此，相对于聚光式太阳能光热发电系统来说，平板型太阳能光伏电池板应用的地理区域更大。虽然美国大陆上各地区的年平均太阳辐射的差异很大，但是区域性差异是造成上述两种组件应用区别的一个主要原因（AEF，2010）。

美国的各个州估算了其适宜安装光伏电池板的屋顶面积。该估算分析工作由美国能源基金会和法维翰咨询公司承担，分析不包括那些不适宜安装平板光伏电池板的屋顶（如不朝南的居民屋顶，或不适合常规安装太阳能光伏电池板的太过陡峭的居民屋顶等），但包括商用建筑上的适合的平面屋顶。同时，分析中也考虑到了树荫、供暖器、空调设备以及其他妨碍物的影响，但该分析不考虑下雪的影响（Chaudhari et al.，2004）。结果表明，从技术上说，美国 22% 的居民屋顶和 65% 的商用建筑屋顶可安装光伏电池板。

根据适用屋顶的总面积和各州的平均太阳总辐射量，在商用光伏电池板的转换效率为 10% ~15% 的情况下，太阳能光伏发电的理论最高装机容量为 1500 ~ 2000GW。如果容量系数达 20%，那么上述太阳能光伏发电的最高装机容量每年可生产（13 ~ 17.5）$\times 10^{12}$ kW・h 的电量，大大地超出了美国 2007 年的总发电量（4.2×10^{12} kW・h）。更加保守的估算表明，现有的适宜安装太阳能电板的屋顶每年能够提供（0.9 ~ 1.5）$\times 10^{12}$ kW・h 的光伏发电量（ASES，2007）。这就意味着，在没有利用新土地开发光伏发电的情况下，屋顶太阳能光伏发电已可以满足美国实际的电力需求。

2. 聚光式太阳能热发电

（1）资源评估

聚光式太阳能热发电系统只利用聚焦的直射辐射部分，因而只能安装在某些有利的场地。这些场地主要分布在美国西南地区，这些地区拥有大量的太阳直接辐射。如图2-7（a）所示，尽管西南地区的辐射强度差异很大，但是这里的六个州均拥有高水平的太阳辐射。西部州长协会（WGA）近期的分析和美国国家可再生能源实验室的后续改进分析认为，适宜聚光式太阳能开发利用的地区的日平均辐射应高于6kW·h/（m^2·d），这就缩小了适宜地区的范围。此外，适宜地区不包括小于1km^2或斜坡面积大于1%的土地、国家公园、自然保护区和市区［图2-7（b）］（WGA，2006a）。

该分析得出结论，西南地区无重要用途的22.5万km^2土地的聚光式太阳能热发电的最高装机容量为7000～11 000GW［图2-7（b）］。在聚光式太阳能热发电的年均容量系数为25%～50%的情况下，依靠储热器，该地区的太阳能热发电的技术开发量为（15～40）$\times 10^{12}$kW·h。这个数值也远远超过了美国2007年的总发电量（4.2$\times 10^{12}$kW·h）。

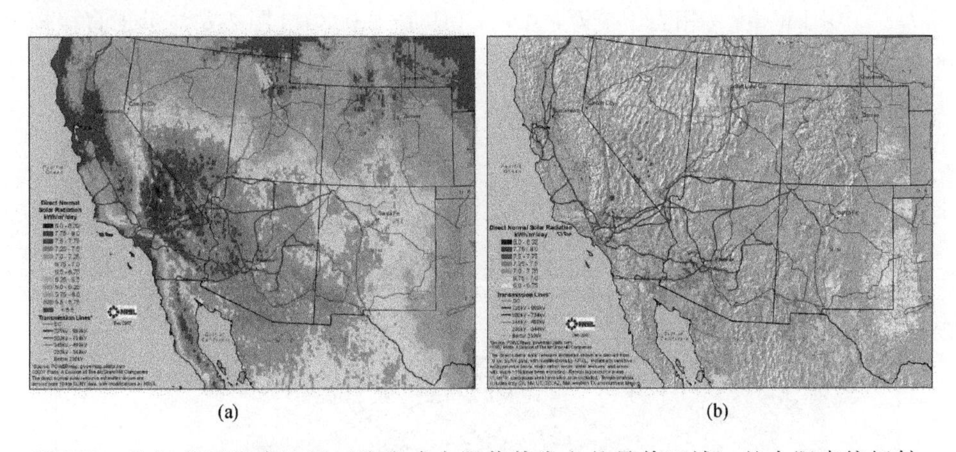

(a) (b)

图2-7 （a）美国西南地区（聚光式太阳能热发电的最佳区域）的太阳直接辐射；（b）显示太阳直接辐射（不包括低于6kW·h/（m^2·d）的地区）。同时，右边显示了除外的土地和斜坡。因此，西南地区的聚光式太阳能热发电的技术开发量为（15～40）$\times 10^2$kW·h（利用率为25%～50%）

资料来源：WGA，2006a

（2）经济评估

假设20%的聚光式太阳能热发电的技术开发量在经济上是可行的，那么可生产（3～8）$\times 10^{12}$kW·h的电量。美国现有的聚光式太阳能热发电的装机容量为0.43GW。到2010年3月为止，美国有8GW的聚光式太阳能热发电的新装机容量处于不同的开发阶段，预计在2010～2014年完成。SolarPaces国际数据库对这些项目和其他国际项目做了介绍。SolarPaces国际数据库是由国际能源署

(IEA) 中执行“太阳能发电和化学能源系统”协议的16个成员国共同组建的(IEA, 2010b)。对于已经运行的发电站、正在建设的发电站和正在开发的发电站来说，这些数据都是可用的。

(二) 中国的太阳能发电

(1) 资源评估

中国风能太阳能资源评估中心（CMA，2008）以1978～2007年全国700多个地面气象站辐射观测资料为基础展开了太阳能资源的评估工作。结果显示，中国拥有丰富的太阳能资源（CAE，2008）。全国到达地面的水平面年平均总辐射量为14×10^{15}kW·h，相当于1.7万亿tce；到达地面的水平面年平均直接辐射量为7.8×10^{15}kW·h（相当于1万亿tce）（CAE，2008）。图2-8显示了直接辐射的分布。

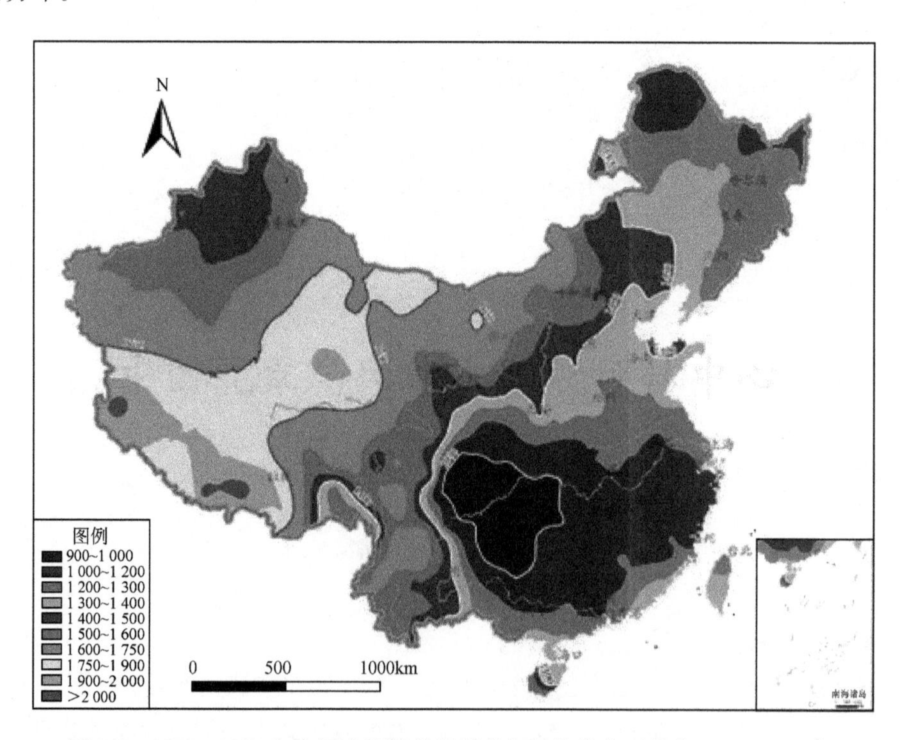

图2-8　1978～2007年中国太阳能总辐射的年平均分布（单位：kW·h/m^2）

在平均转换效率为10%时，全国年均太阳能辐射量每年可提供1.4×10^{15}kW·h的电力。同样，在转换效率为10%时，中国只需利用0.23%的土地就

可生产 3.2×10^{12}kW·h 电力（中国 2007 年度的总发电量）。为了便于太阳能的开发和利用，按年太阳总辐照量空间分布，中国对太阳能资源划分了四个区域（图 2-9 和表 2-5）。

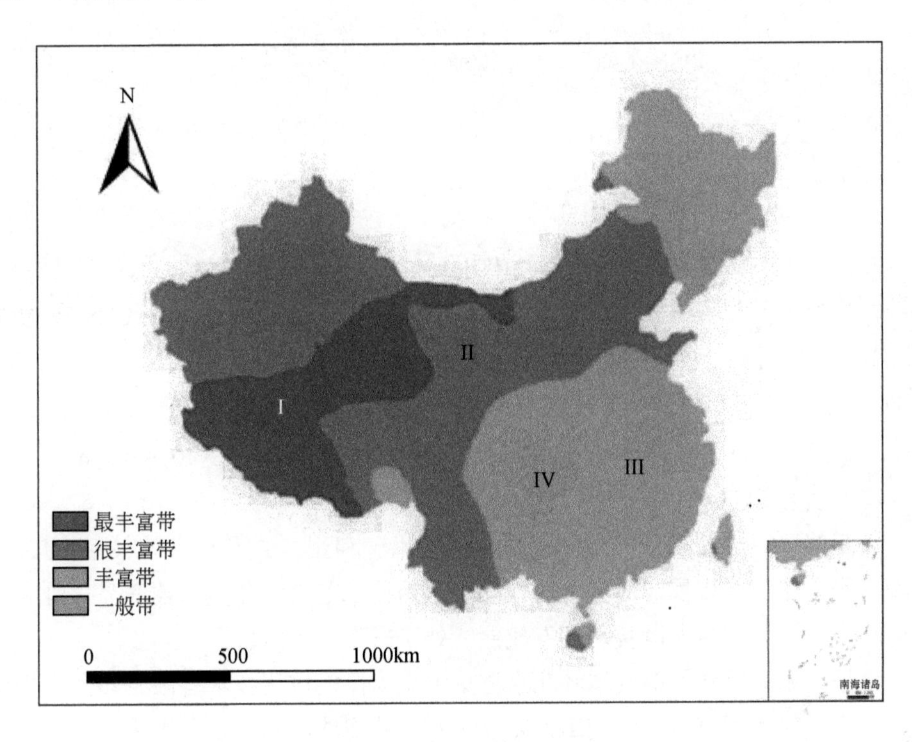

图 2-9　中国太阳能资源区划

表 2-5　中国太阳能资源区划及分布特点

	分区	太阳辐射的平均值 / [kW·h/ (m^2·a)]	在中国领土中所占比例/%	分布
最丰富带	I	≥1 750	17.4	西藏大部分地区、新疆南部、青海西部、甘肃和内蒙古
很丰富带	II	1 400 ~ 1 750	42.7	新疆北部、中国西北地区、内蒙古东部、华北地区、江苏北部、黄土高原、青海和甘肃东部、四川西部、横断山区、福建和广东沿海地区，以及海南岛

续表

	分区	太阳辐射的平均值/[kW·h/(m²·a)]	在中国领土中所占比例/%	分布
丰富带	III	1 050~1 400	36.3	中国东南部山区、汉水流域、四川西部、贵州和广西
一般带	IV	≤1 050	3.6	四川和贵州某些地区

注：中国太阳能资源的丰富地区（即I、II与III带）共占中国陆地面积的96%以上

目前，中国建筑屋顶的总面积高达100亿m^2，其中20亿m^2可安装太阳能热水系统，相当于3.2万亿tce；其中20亿m^2可安装太阳能光伏系统。此外，可使用2%的戈壁和荒漠面积（即2万km^2）来安装太阳能光伏发电系统，总计在2.2万km^2的面积上，可安装太阳能光伏发电容量约2.2GW。因此，假设转换效率为10%，每天有3.6h的日照，那么，太阳能的年发电量可达2.9×10^{12}kW·h。

（2）经济评估

太阳能资源的开发利用成本与其利用技术、利用方式有很大的关系。目前，中国已经成熟的有规模应用潜力的太阳能利用技术是太阳能热水器和晶体硅光伏发电技术，太阳能热发电技术还不成熟，处于研发示范阶段。

根据太阳能热水器的成本和北京清华大学太阳能应用技术有限公司对太阳能热水器实际使用测算，目前使用太阳能热水器获得能源的预期成本为：国内消费水平和国际消费水平下的成本分别为0.05元/kW·h和0.20元/kW·h，平均价格为0.13元/kW·h。目前，太阳能光伏发电的成本差异较大，因太阳能资源条件的不同而不同，通常处于1.5~3.0元/kW·h（表2-6）。

表2-6　太阳能光伏发电成本估算和中国太阳能资源的潜在装机容量

太阳能资源区划	I	II	II~III	III
总辐射量/[kW·h/(m²·a)]	2 250	1 740	1 400	1 160
发电年可利用小时数/h	1 700	1 300	1 050	870
预期价格/(元/(kW·h))	1.5	2.0	2.5	3.5
预期成本*/(元/(kW·h))	1.3	1.7	2.1	3.0
太阳能发电可利用量/(10^9kW·h)	700	670	620	210

*扣除太阳能并网发电补贴数1.5元/(kW·h)后的价格

四、生物质发电

生物质是某些资源的总称，其中的每种资源各具特色（如资源形式可能为固体、液体或气体；它们的湿气含量、能源含量、灰尘含量，以及对排放的影响各有不同）。可用于发电的生物质分为以下三大类：①木材/植物废弃物；②城市固体废弃物和垃圾填埋气（LFG）；③其他生物质产物，如农业副产品、生物燃料，以及某些废品（如轮胎）。目前，对于中美两国的生物质供能来说，农作物用于能源生产的比例不值得一提。然而，随着人们对利用生物质来生产替代性的液体运输燃料（生物燃料）的兴趣高涨，生物质的使用发生了改变。生物质具备一个特别令人注目的特点，即生物质可作为一种化学能源资源以供使用。这个特性使生物质成为具有竞争力的资源，可用于生产运输燃料。

（一）美国的生物质发电

1. 生物质资源

（1）资源评估

美国农业部和能源部对近 10 亿 t 的生物质展开了研究。其结论认为，在不严重影响食物生产的基础上，美国每年可利用 13 亿 t 生物质用于发电。相关的生物资源基地需利用 4.48 亿英亩（$1.8\times10^{12}m^2$）的农业用地，包括农田和牧地（约占美国大陆面积的 23%）；以及 6.72 亿英亩（$2.7\times10^{12}m^2$）的林地（约占美国大陆面积的 34%）（Perlach et al.，2005）。最近完成土地使用完整清单的一年是 1997 年，其中农业用地为 4.55 亿英亩。因此，预计可进行生物质生产的总面积刚好超过美国 48 个州土地总面积的 57%。

然而，实际用于生产生物质的土地面积远少于可用的面积。例如，按每年每英亩 2.5t 和按每年每英亩 5t 计算，为达到每年 13 亿 t 的产量，这要求土地面积分别为 4.23 亿英亩和 2.60 亿英亩。如下所述，如果“以成本为导向进行供应估算”，那么，生物质的估算值将远远低于其理论潜力。在 2025 年，生物质的经济潜力每年应达到 5 亿 ~7 亿 t，这就要求利用 1 亿英亩（每年每英亩生产 5t，共 5 亿 t）至 2.8 亿英亩（每年每英亩生产 2.5t，共 7 亿 t）土地。

美国农业用地和牧地中可持续利用的生物质每年可达 1.9 亿 t，其中 1.42 亿 t

来自牧地，其余的来自农田。目前，只有20%的生物质用于发电。据美国农业部和能源部的报告估算，6.72亿英亩的牧地可持续生产约3.7亿t生物质（是当前生物质生产量的两倍）。但是，这要求利用以下材料进行发电：①木材（非燃烧木材，以实现森林管理）；②纸浆残余物；③伐木残余物。

据美国农业部和能源部报告的进一步估算，农业用地（农田、空置农田和农牧地）目前每年可以生产约5000万t生物质；在未来35~40年内，该农业用地有潜力生产近10亿t生物质。这意味着，可持续性生物质的产量将增长20倍。在预计的10亿t生物质中，3亿~4亿t来自农作物残余物，而3.5亿t来自高产的多年生生物质作物（在4000万英亩土地上种植高产的多年生生物质作物，替代其他土地用途）。

美国农业部和能源部以近10亿t的生物质为基础开展研究，其目的是估算生物质资源的未来潜力。美国国家可再生能源实验室（Milbrandt，2005）开展的另一个研究显示了生物质资源基地的不同地理分布。美国国家可再生能源实验室的研究以当前可用的生物质资源为基础，包含了以下生物材料的县级评估：①农业和森林残余物；②城市木料（二级磨坊残余物、城市固体废物木料、树木修理残余物、施工/经摧毁的木料）；③肥料经营、垃圾填埋物和家庭废水处理设施中产生的沼气。

根据美国农业部和能源部的研究，如果生物质的年产量要达到13亿t，那么需要玉米、小麦及其他粮食作物产量增长50%；大豆残余物对粮食的比例翻倍；开发更高效的设备来收集残余物；管理至今仍未耕作的农田；在5500万英亩的农田、空置农田和农牧地上种植多年生作物，主要用于生产能源；使用牲畜粪（不必用于农场土壤改进的牲畜粪）；利用其他二级和三级残余物作为生物质生产。提高这些农作物产量和收集这些材料需要创新科技，如基因工程。

经预计，就种植高产多年生作物而言，5000万英亩土地的产量（约为每英亩8t）生物质年产量约为4亿t。该研究是以近10亿t生物质为基础，根据以下假设条件进行估算：美国的农业用地在满足食物、饲料和出口需求外，还有潜力提供10多亿t生物质，且这些生物质是可持续收集的。本次估算包括4.46亿t的作物残余物（如2.5亿t的玉米秆，当前为7500万t），3.77亿t的多年生作物，6.78亿t的谷草（用作生物燃料），8700万t的牲畜粪、工艺残渣和其他在食品消费时产生的残余物。

作为美国国家科学院的“美国的能源未来”项目的一部分，替代性液体运输燃料小组提供了另一估算结果（NAS et al.，2009b）。本次估算与美国国家可再生能源实验室的估算相似，即在利用2008年的可行技术和管理的基础上，可持续提供年产量为4亿t的木质素纤维生物质。研究小组预计，到2020年为止，在对美国食物、饲料和纤维产品的影响最低化，以及对环境的不良影响最低化的基础上，木质素纤维生物质的年产量可增长到5.5亿t，主要来自能源作物、农业和森林残余物，以及城市固体废物。此外，研究小组还考虑了可持续性因素，如在随后几年内维护土壤的碳含量和作物的产能。

（2）经济评估

如上所述，大量的研究对生物质的可用性和成本作出了估算。Gronowska等（2009）审查了这些研究，并区分了现有和潜在生物质的现况研究和经济研究。经济研究考虑供应成本，通常指生物质的供应曲线。据现况研究估算，生物质的年产量为1.9亿~38.5亿t。据供应曲线的估算，生物质的年产量取决于饲料的种类和价格，处于600万~5.77亿t。Gronowska等注意到，在大部分研究中，未来的生物质供应主要来自农业残余物和能源作物，只有少量来自木质材料。图2-10比较分析了橡树岭国家实验室（ORNL）（Perlack et al.，2005；Walsh et al.，2000）、国家可再生能源实验室（Milbrandt，2005）、美国国家科学院（NAS

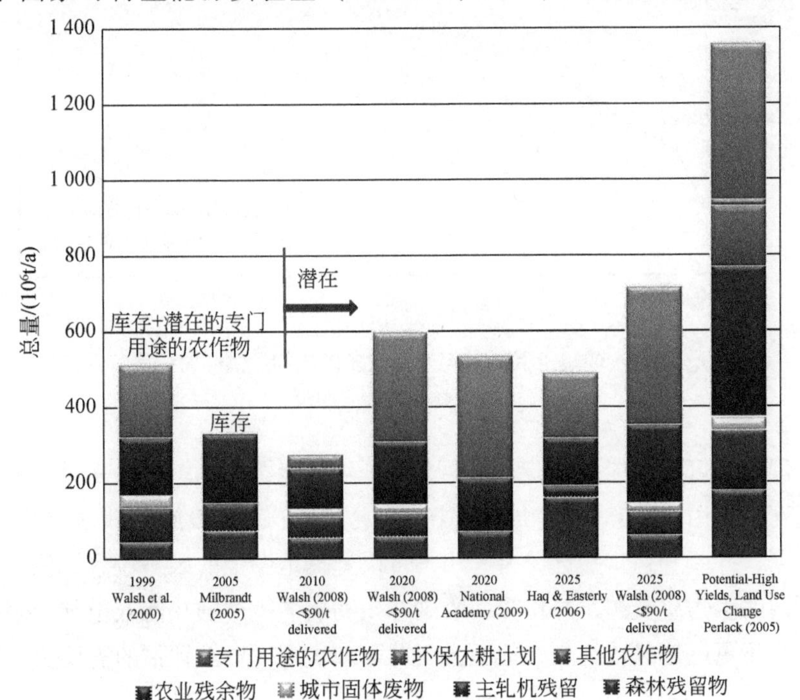

图2-10　美国各类生物质在过去和当前的总量，及其在特定价格上的供应量

资料来源：Walsh，2008

et al. ,2009b）、美国能源情报署（Haq and Easterly，2006），以及生物质监测与评估小组（Walsh，2008）的评估结果。尽管可通过基因改造来加强光合作用，但是农业管理使用生物工程作物是否可持续发展就不得而知了。尽管目前有替代性能源作物（如柳树、芒草、白杨和柳枝稷），但仍不清楚哪些生物质必须留在田地里，以保证土壤健康。在传统耕地中，需要用残余物去覆盖至少30%的土壤，但是这种做法减少了生物质的其他方面的用途（NRC，2010b）。

目前，用供应曲线来估算生物质能的发电量仍有待开发。图2-11显示了生物质监测与评估小组（Walsh，2008）研究的供应曲线样本。Walsh（2008）的研究以美国国家可再生能源实验室（Milbrandt，2005）默认的生物质供应成本研究为基础。

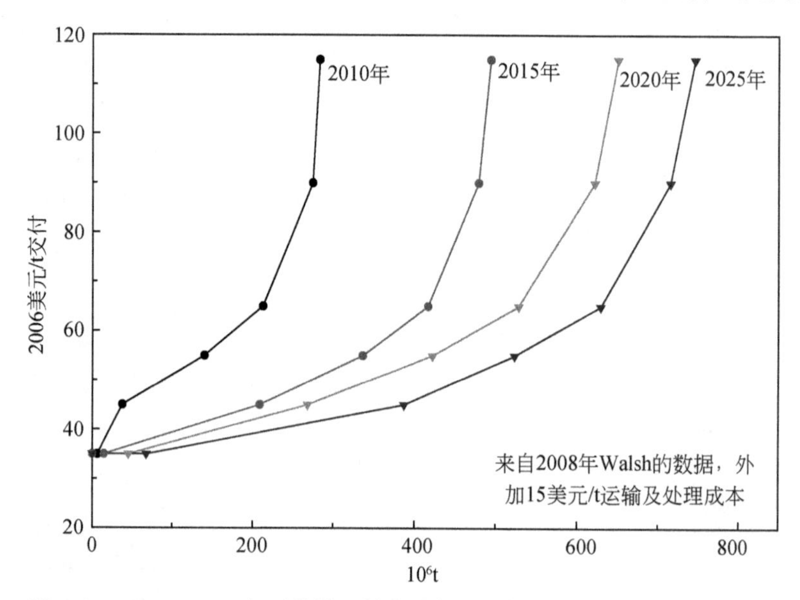

图2-11　2010~2025年可传输至转化设备的生物质供应曲线（特定价格）

资料来源：Bain，2010

美国国家可再生能源实验室已经开发了生物能源工具。这是一种地理空间数据的交互式应用，能够协助用户评估生物质资源、基础设施和其他的相关信息，查询数据，并展开初步筛选分析。用户可以选择地图上的某一位置，测量某一明确范围内的生物质资源，并估算回收这些生物质能生产的热能或电能总量。这个工具有利于更好地确认地点，但不会因此而减少现场资源评估的需要。

2. 生物质发电

根据2005年的生物质生产水平，如果充分利用美国的1.9亿t可持续性生物质，按每吨产能 17GJ（$1\text{GJ} = 1 \times 10^9\text{J}$）计算，生物质燃烧转换成热量用于发电的转换效率为 35%，那么这些生物质可提供 1.1EJ 能量。换句话说，如果利用美国在 2005 年生产的全部可持续性生物质来发电，那么这些生物质每年可生产 3.06×10^{11}kW·h 的电量，相当于美国 2007 年度发电量的 7.3%。如果采用资源的平均值，即约 5 亿 t 生物质（NAS et al.，2010b），那么每年可生产的电量为 8×10^{11}kW·h，相当于美国 2007 年度发电量的 19%。如果可用的生物质增加到 10 亿 t，且全部用于发电，那么这些生物质可生产 6EJ 能量，相当于 1.6×10^{12} kW·h 的电量，约为美国 2007 年度发电量的 40%。

然而，有可能发生的情形是，这些生物质的 75% 可能用于生产纤维素乙醇或其他生物燃料，只有 25% 可用于发电。据预计，如果美国大陆 60% 以上的土地用于生产生物质，那么在未来 35～40 年内，生物质的总产量可达 2.5 亿 t。在这种情形中，如果只有 25% 的生物质可用于发电，那么其可生产 4.16×10^{11} kW·h的电量，相当于美国 2007 年度总发电量的 10%。这个数值是美国 2005 年度生物能实际发电量的 7 倍以上。

（二）中国的生物质

中国的生物质资源主要包括秸秆和其他的农业废料、林业产品加工废料、畜禽粪便、能源作物、能源林木、工业的有机排放物、城市废水和固体废弃物等。中国每年生产 6 亿 t 秸秆，其中近 3 亿 t（或将近 1.5 亿 tce）可用作燃料。中国每年生产 9 亿 t 林业产品加工废料，其中近 3 亿 t（或将近 2 亿 tce）可用于发电。此外，中国还有大面积的边际耕地，可用来种植能源作物和能源林木。沼气和城市固体废弃物也是非常具有开发潜力的生物质资源。目前，中国可转换成能源的生物质资源相当于 5 亿 tce。随着社会经济的发展，未来可转换成能源的生物质资源预计达到 10 亿 tce。

五、地 热 发 电

（一）美国的地热发电

1. 水热型地热能

地热能存在于地下的蒸汽、热水和深层干热岩的热储中。水热型（有时称为常规的地热能）的发电装置是利用从热储中提取的热水或蒸汽来驱动汽轮机发电。在美国首次评估这类地热能时，地质调查局（USGS，1979）集中审查了两类水热型资源：①已探明的具有 1.8×10^{11}kW·h（23GWe）发电潜力的水热型系统，该系统在地质上是得到保证的，而经济上的可视为备用，或最后成为实用的；②未探明的具有 8×10^{11}kW·h（约 100GWe）发电潜力的资源，这些资源在技术上是可利用的，并在以后可成为备用资源的。这两类资源的总和相当于2007年度美国发电量的1/4。

约 30 年后，美国地质调查局采用进步的科技进行新一轮评估，发现了更大的资源潜力（USGS，2008）。2008 年的评估（表 2-7）结果显示，根据已探明的美国 13 个州的水热型地热系统的发电容量的潜力，估计从 3.7GWe（概率为 95%）至 16.5GWe（概率为 5%）之间，平均值为 9.0GWe。该系统有 20% 的热储温度高于 150℃，估计其发电潜力占 80%；但大部分系统的热储容积则小于 $5m^3$（图 2-12）。

表 2-7 美国地质调查局开展的两个地热能发电评估的差异

	1979 年	2008 年
温度和深度	>150℃和<3km	>90℃和>6km（阿拉斯加州 75℃）
经确认的地热发电系统数量	52℃高温	241℃高温和中温
经确认的地热发电系统特征	缺乏	大量开采和生产数据
储层性能的处理	理想	通过蒙特卡罗分析不确定性，以改进模型
未知能源	粗略估算	改善的定量估算方法
增强型地热系统	提及，但未作出估算	包含在内，正在继续进行分析和探寻方法

资料来源：USGS，2008

上述常规的、已探明的水热型地热系统，如果得到充分开发，则将增加地热发电容量大约 6.5GWe。通过比较，地热发电的装机容量由 2005 年度的 2.5GWe 增加至 2008 年度的 3.0GWe，而仅在 2008 年一年内就增加了 0.11GWe。地热发电的基本负荷为 1.5×10^{10}kW·h（Cross and Freeman，2009）。

2008 年美国地质调查局的评估预计，未探明的地热系统装机容量的潜力，其范围在 7.9GWe（概率为 95%）~73GWe（概率为 5%）之间，平均为 30GWe（图 2-13）。

美国西部各州 140 个地热点，已探明的潜在发电容量，之前的评估为 13GW（WGA，2006b）。随着地热技术、开发和发电运行的进步，到 2015 年时，对发

图 2-12　地图显示美国已确认的中温和高温地热能系统的位置（以一个黑点表示一个系统）

资料来源：Williams and Pierce，2008

电潜力为 5.6GW 的商业开发是可行的。美国的专家小组估计，浅层水热型资源基地可达到 30GW；而没有地表显示的水热型资源，具有 120GW 的发电潜力（NREL，2006）。该专家小组还估计，到 2015 年可开发的容量为 10GW。

虽然这些评估具有很大的不确定性，不可能构成作为资源的评定。但是这些评估明确表明，地热资源可作为美国国内的一种重要能源。从西部州长协会的研究中，对已探明的地热资源，其发电容量的潜力和 2008 年美国地质调查局评定的范围相一致。

2. 增强型地热系统

增强型地热系统（EGSs）是通过工程建造的热储，从低渗透性和低孔隙度的各种岩体结构中提取热量。通过现有裂口滑动和蔓延，或提高流体压力来产生新的裂缝，都可以提高渗透性。增强型地热系统是利用地面和地下深度 10km 内两者之间的温差，来提取巨大热源的有效热量。

2008 年美国地质调查局对非常规的增强型地热系统资源进行估算，其结果比已探明和未探明的常规地热资源的估算总和要大一个数量级（图 2-12）。如果能成功开发，则增强型地热系统所提供的地热发电装机容量，大约相当于美国当前发电装机容量的一半。非常规的增强型地热资源（高温、低渗透性）的发电

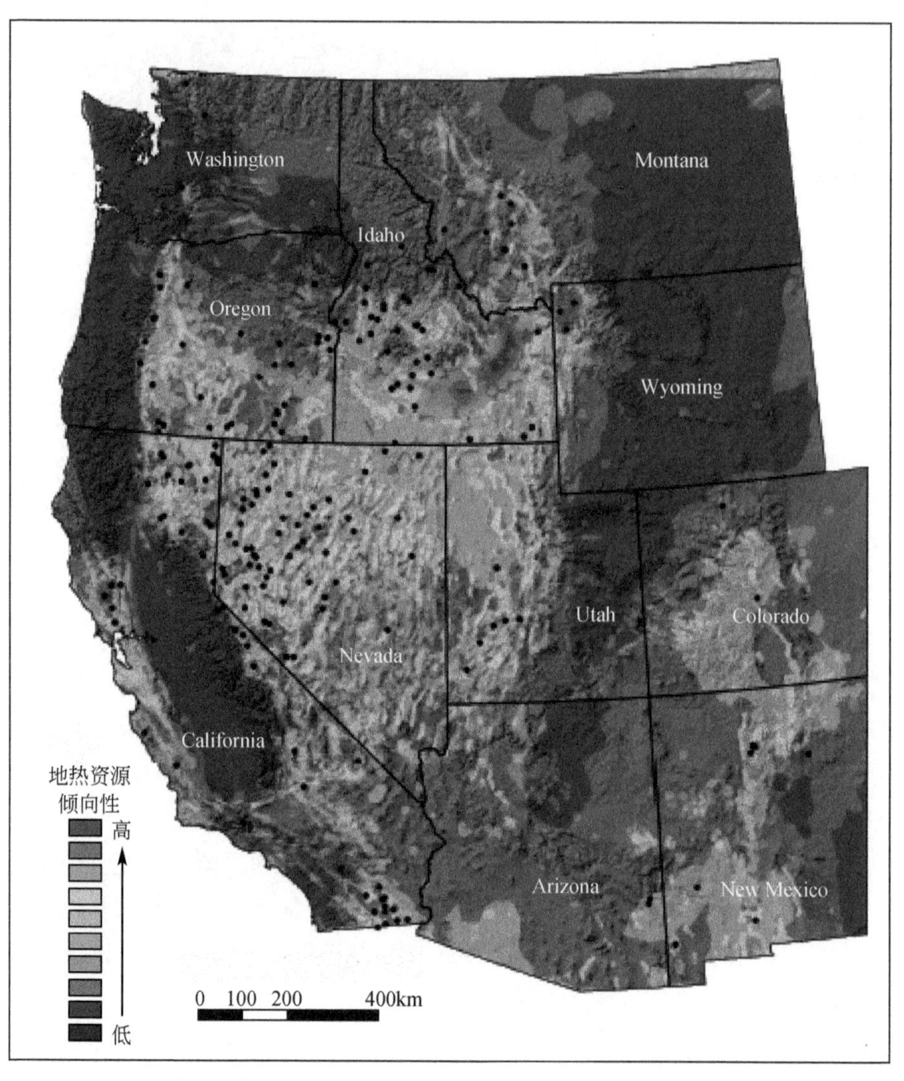

图 2-13　地图样本（来自 28 个空间模拟）显示美国西部地区地热资源的相关倾向性

注：尽管其他模拟在细节方面有出入，但是显示了类似的倾向性。暖色越深表示倾向性越高。黑点代表已确定的地热系统

资料来源：USGS，2008

装机容量的潜力是在 345GWe（95% 的概率）~728GWe（5% 的概率）范围之间，其平均值为 518GWe。潜在的发电装机容量的平均值相当于 4×10^{12}kW·h，和美国 2007 年度的发电量一样。

当美国地质调查局采用不同的方法测试增强型地热系统的结果时，该研究确认它在美国具有很大潜力。该地热能源的资源基地是在美国陆地底下，并确认地下深度10km内热储的总能量，估计超过1300万EJ（3.6×10^{18}kW·h）（MIT，2006）。它所储存的能量超过美国2005年度能源消费106EJ的13万倍。这些资源可提取部分估计为20万EJ，超过美国2005年度一次能源消耗量的2000倍。在转换效率为15%的情况下，在资源温度与地表周围温度的温差达到合理的200℃时，原则上，可提取的地热资源，相当于3万EJ电能。还需要进行重要的研究与开发工作，以发展该能源的利用技术和改进该资源潜力的测试方法。

在如何用好地热资源方面，提取率是个重要因素。陆上地表的平均地热的热流量为100MW/m^2。而在很多地域比它还低。对温度相对较低的汽轮机发电效率，假定为15%，所以，从可再生的地热资源中，可提取的单位（面积）电功率大约为10MW/m^2。

在此单位（面积）电功率的基础上，100GW的发电量将需要最小的土地面积为$1\times10^{13}m^2$。作为比较，美国大陆的土地面积为$8\times10^{12}m^2$；所以，美国2008年的平均电负荷的20%若是由可持续的（自然的地表热流量的）地热发电来提供的话，则所需的土地面积将超过美国大陆的总面积。

实际上，某一地域的地热提取率将超过自然的地表的热流量。因此，那些提取率不可能长期维持。因为它将使热量的消耗超过地热自然恢复的热流量。

在麻省理工学院（MIT）对增强型地热系统（EGS）的资源潜力分析（2006）中，热量的开采将受到下列假定所限制，即当岩体温度下降10～15°C时，地热热储将被废弃。由于热量的提取可能不是一致的，因此假定热储的寿命为30年，在此期间，可进行重钻、破碎和水力模拟试验。该报告估计，在被废弃的100年内，热储能够恢复到它们原始的温度条件。所以，在任何时候，开采的热量为10%或更少时，增强型地热系统都应被视为可再生资源。因为庞大的资源基地能够支持废弃的热储在100年的周期内恢复到原来的温度。

（二）中国的地热能

据初步估算，中国的高温地热资源容量为5.8GW，而低温地热资源的容量为14.4GW。虽然中国是地热资源直接热利用的佼佼者，利用量为3.7GWt（相当于每年12.6×10^9kW·h），并且还拥有构成增强型地热系统的岩体，但中国还没有对增强型地热系统进行评估（Bertani，2005）。

中国最重要的正在运行的地热电站，位于西藏羊八井，装机容量为25MW，从浅层热储（井深200m）获取能量，热储覆盖面积为4km^2，温度为140～

160℃。电站每年生产的电能大约为 1×10^{8}kW·h，是西藏首府（拉萨）能源需求的30%。该地热田的深层热储（深度1500～1800m处温度为250～330℃）还具有50～90MW的生产潜力，深层热储是在浅层羊八井热田的下面（Bertani, 2005）。另一个正在建的地热发电站在云南省腾冲地区，装机容量为49GW。

六、水力发电

（一）美国的水力发电

1. 波浪能、潮汐能和河流能

水力能源是指与水流动（如波浪和水流速）相关的能源，包括潮汐能、河流能和海流能。如表2-8所示，在美国联邦能源管理委员会（FERC）处备案的许可证的数量反映了美国开发水力资源的极大兴趣。然而，由于开发商经常在规划设施和筹资之前就申请了许可证，因此这些许可证并不能确切地预示未来水力资源的开发。

表2-8　经许可的水力资源存在形式（预计的装机容量）（单位：MW）

形式	已确定	未决
波浪	170～330	1 270～2 150
水流	1 025～3 350	270～375
潮汐	140～285	445
内陆的水力资源	100	3 550

资料来源：FERC，2008. http：//www. ferc. gov

根据美国电力研究院（EPRI）对美国波浪能资源潜力的评估（EPRI, 2005），华盛顿和加州海上波浪能资源的总和每年可生产 4.4×10^{11}kW·h电量；而缅因州、新罕布什尔州、马塞诸塞州、纽约和新泽西州海边波浪能资源的总和每年可生产 1.2×10^{11}kW·h电量（图2-14）。如果考虑发电损失在内，上述数值减少了10%～15%，所以美国大陆波浪能资源的潜在总发电量为 7×10^{10}kW·h。因此，尽管充分利用所有的波浪能资源，其发电量仍低于美国2007年总发电量（4.2×10^{12}kW·h）的2%。

美国最大的波浪能资源位于阿拉斯加州南部海上（图 2-14）。据估计，该波浪能资源基地每年可生产 1.25×10^{12}kW·h 的电力（EPRI，2005）。

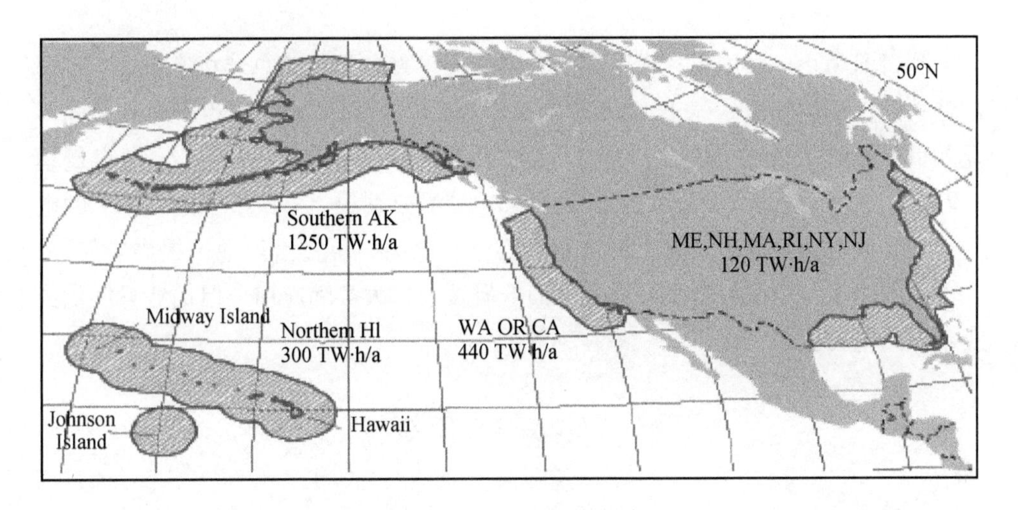

图 2-14　美国的波浪能资源

资料来源：EPRI，2005

为提取该区域的波浪能资源，需要在相对更广阔的海洋面积上截取波浪能流。但是，美国联邦能源管理委员会报告并没有说明怎样收集大面积的电能并将其运输至美国 48 个州的用户。

2005 年，美国联邦能源管理委员会研究以阿拉斯加州、华盛顿、加利福尼亚州、马塞诸塞州、缅因州、新布伦兹维克和新斯科舍的一系列已确定的资源区域为基础，对潮汐能展开了评估（EPRI，2005）。据估计，这些地区的潮汐能资源总量平均每年能够供应 152MW 的潜在电力装机容量，相当于年均发电量为 13×10^{8}kW·h（EPRI，2005）。如果充分利用所有潮汐能，那么其提供的发电量相当于美国 2005 年度总发电量的 0.03%。

据美国联邦能源管理委员会的研究，河流能发电潜力为 1.1×10^{11}kW·h（EPRI，2005）。因此，尽管美国全部河流能发电潜力经开发后可供应 1×10^{11}kW·h 的电量，但仍低于美国 2005 年总发电量的 3%。

理论、技术和实际上对于这些水力资源能源的提取，其资源潜力的研究应更加全面。这些资源与创新技术之间的相互作用（正如风能及其技术）可促使人们确定更多的资源。

（二）中国的水力发电

到目前为止，中国只建设了8个小型的潮汐发电站，其总装机容量为6MW。浙江省的江厦潮汐电站建于1974年，是中国乃至亚洲最大的潮汐发电站，同时还是世界第三大潮汐发电站。这个潮汐发电站拥有6套设备，其装机容量达3.9MW。另外，白沙口和海山的潮汐发电站可分别提供640kW和150kW的电力。许多波浪能示范电站提供数十至数百千瓦电力，可在沿海地区提供导航灯。在不久的将来，中国将增加海洋能方面的研发，扩大实际应用，但仍然只能供应小规模的电力。

七、综合资源规划

美国西部州长协会启动了“西方清洁和多元化能源”项目，旨在探寻方法来增加可再生能源，提高能源效率和增强清洁能源技术，以满足美国西部地区的能源需求。自2006年起，美国西部州长协会已采用多资源评估方法，其目的是到2015年为止开发30GW清洁能源。

在项目初期阶段，西部可再生资源区（WREZ）作为能够促进西部相互联系的资源中心，就跨州运输线路展开评估，以促使该项目进入下一阶段。图2-15显示了西部可再生能源区项目的中心地图，该图说明了潜在的区域性可再生能源资源在总发电量（以TW·h表示）中所占的比例。此处“总发电量”是指合格资源地区（QRAs）的资源在一年内生产的电量（Pletka and Finn，2009）。资源估算不考虑环境和技术敏感地区。由于资源开发中存在未知的限制性因素，因此在资源估算中相应地降低潜在资源的数值。

在一些情形中，联邦州野生生物机构鉴别了某些环境的敏感性，使得合格资源地区的资源发电潜力因此而减少；而与某些地区相关的物流建设、成本、批准、文化问题或其他土地使用问题却极少得到关注。然而，美国西部可再生能源区项目在其他阶段中已考虑了这些因素，如公众咨询服务流程（WGA，2009）。相关地图上显示了达到最低质量标准的所有资源。该最低质量标准由“区域鉴定和技术分析工作小组”制定。

每个资源中心内确定数量的资源包括最优质风能、太阳能、地热能、生物质和具有商业潜力的水力资源。每个联邦州制订的风能资源和太阳能资源的最低质

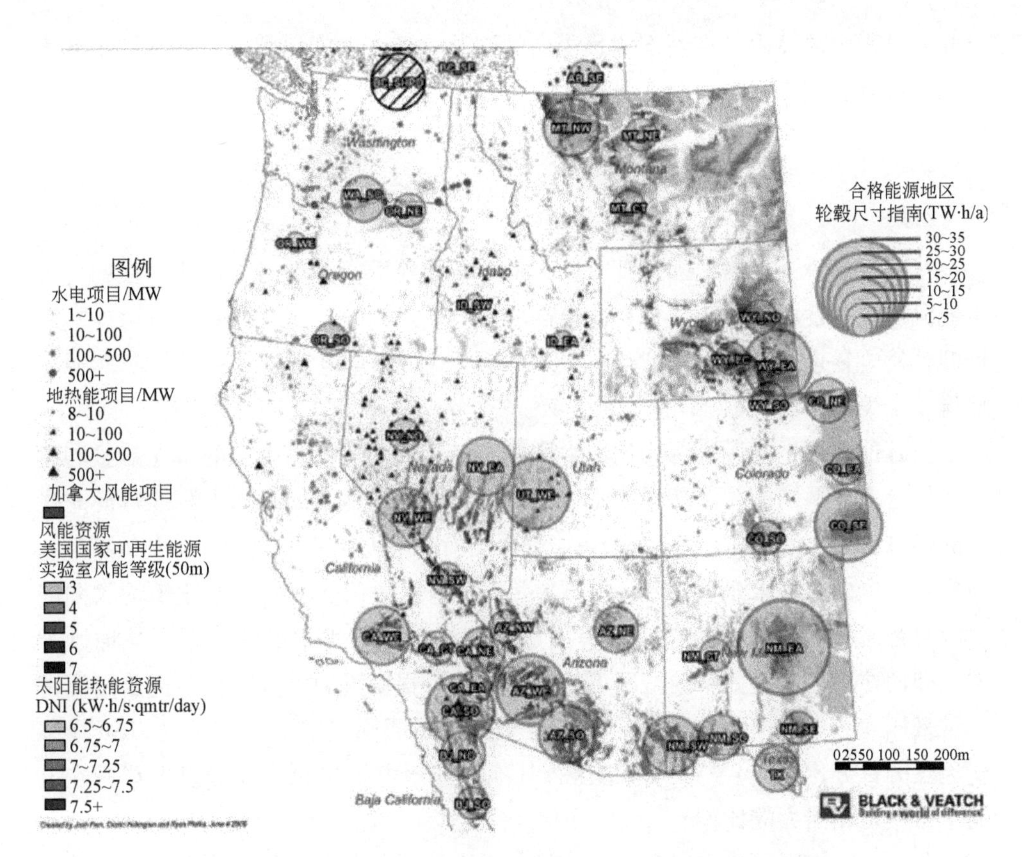

图 2-15　合格的资源地区显示了各种可再生能源资源的发电潜力

（不包括生物质能；只包括加利福尼亚州某些合格的资源地区）

注：在规划可再生能源发电、新的传输方式和区域性分布时，这样的地图测绘只是第一步骤

量标准各有差异，因而，不符合联邦州的一般质量要求的资源则被标识为“非西部可再生能源区”资源。这包括低质量的风能、太阳热能、太阳光伏、未发现的传统型潜在地热能、增强型地热系统和其他可再生能源资源。不列颠哥伦比亚州、加利福尼亚州、爱达荷州、内华达州、俄勒冈州和犹他州拥有巨大的传统型地热资源潜力，因此传统型地热能资源的评估仅限于这些地区。每个合格资源地区的供给曲线分析包含了生物质资源的定量，但是测图上没有予以显示。

同时，美国西部州长协会还开发了输电模型，并准备建设公用事业规模的可再生能源发电站和输电系统。在此阶段，美国西部州长协会将测绘多层次地图，使技术筛选直观化，以改进合格资源地区并选择最佳站点位置。地图层次显示的土地利用和地区不包括野生生物保护区及其他环境和生态保护区。目前，西部州长协会正在开发一种互动工具，方便策划人同时考虑上述标准和其他标准，以鉴定开发过程中的障碍。在西部州长协会的网站上可以浏览到所有流程、结果和模型的发展状态（WGA，2009）。

八、结　　论

从原则上说，中美两国均拥有巨大的可再生能源资源潜力，这些潜在的可再生能源资源的发电量远超过现有的最高装机容量。同时，这些潜在的可再生能源资源的发电量也超过了中国或美国2007年度消耗的总电量。可再生能源资源基地遍及中美两国。

与其他可再生能源资源相比，太阳能和风能资源可提供更多的潜在能量和电力。尽管中美两国的太阳能强度不一样，但是两国陆地上的年均太阳能资源总量所能提供的电力高于1×10^{16}kW·h。美国当前的电力年需求量为4×10^{12}kW·h，而中国的电力年需求量为3.2×10^{12}kW·h并迅速增长。因此，上述年均太阳能资源总量所能提供的电力超过了美国或中国当前电力需求的几千倍。从原则上说，即使在中等转换效率的情况下，太阳能也可提供大额电量，且不会给资源基地带来压力。中美两国陆地上的风能可至少满足两国当前电力需求的20%（某些地区的百分比更高）。在一些地区，其他（非水电）可再生能源发电总量在电能中占据了相当大的比例。

美国针对国内可再生能源资源的技术潜力开展着更加全面和更高分辨率的评估。这些评估通常包括初步估算某特定量的可再生能源资源的经济潜力，并结合了供应曲线和输电成本。中国仅凭借低分辨率数据来评估某些资源总量。将资源基地的高分辨率数据和技术过程联系起来，用于评估风能和其他可再生能源资源，这些评估方法对中国来说十分有用。在重估中国的风能资源时采用更高分辨率数据和风电机组轮毂高度，有助于开发新的风电站。美国采取同样的方法重估了几个州的潜在风能资源。在风能资源方面，美国展示了资源基地的高分辨率数据和技术过程的联系，而中国需要做出相同的努力。美国能够为中国提供专业知识的领域包括：①直接正入射辐射（聚光式太阳能热发电潜力）；②增强型地热系统的测绘。在这两种情况下，这些评估都应包括区域性的水资源供应，因为对于大规模利用聚光式太阳能热发电系统或增强型地热系统来说，水资源供应是一个潜在的限制因素。

对于传统和可再生能源资源的规划和合理发展来说，情景模拟变得越来越重要了。这种情境模拟结合了地理信息系统、经济资源评估、可再生技术的最新发展、运输设备当前合理的评估，以及成本平衡。这要求采用耦合数学模型来探索大量的情景，以及扩展利用可再生能源资源的结果。中美两国在这方面应该加强合作，结合资源规划和情景模拟法，共同探寻降低实施成本的方法。

美国能源部和中国政府、学术界以及相关行业就生物质资源评估展开合作，旨在绘制生物燃料供给曲线。但是，这些转换技术仍有待发展。如果已经建立有效的设施来收集生物质残余物，那么，某些生物质发电技术（如生物质—煤混合燃烧）便能最大程度地节约成本，并可应用于合适的地区。测绘多层次资源和基础设施，能够方便综合利用生物质发电和生物燃料，并促使生物提炼厂的经济潜力转化为资本。

由于存在与天气有关的灾害和无法预见的因素，中美两国刚开始创建的水力发电模型具有很大的不确定性。此外，海上资源也受到气候变化和灾害的影响。为确保资源评估模型中包括严峻气候条件的风险评估，中美两国应加强合作，共同开发和测试最佳位置，并使金融风险降到最低。

九、建　　议

1）中美应加强合作，在区域尺度上共同测绘综合资源图和制订可供选择的发展方案。这些综合资源绘图和评估有助于两国选择更好的方式来进行分布式发电、分析资源潜在的限制因素（如热电所需的可用水量）和输电最低成本的路线。

2）两国的研究学者、模型开发利用专家以及系统经营者应该加强合作，开发软件和计算机模型来支持更加完整的供应模式。

第三章　技术成熟度

阻碍中美两国大规模利用可再生能源资源的主要因素是相对较高的价格。两国正在努力降低成本，随着时间的推移，两国已根据具体的国情来制定战略，以克服这些障碍，即以美国为首的创新，已经提高了各种技术及性能。中国进入风电机组和光伏组件产品制造业领域，有利于降低产品成本。本章将介绍几种可再生能源发电技术以及发电系统的技术成熟度（用以提高可再生能源发电的市场份额）。继此之后，将总结某些突出的技术改进，这些技术改进可能影响可再生能源在中美两国的广泛应用。本章不分析各类型的可再生能源发电成本，但这些成本分析可以在 NAS 等（2010a）*Electricity from Renewable Resoources*：*Status*，*Prospects*，*and Impediments* 的第 4 章中找到。可再生能源发电系统的成本是动态的，并且很大程度上会受到地域具体条件（如资源质量、输电设施可用度）的影响。全成本分析应该包含为了可靠地以发电资源来满足用户负荷而产生的所有成本。这些成本包括：可再生能源发电的直接投资和运营成本；所需输电成本；以及需要将可再生能源电力并入整个电网系统所需的其他资源成本（如平衡服务或后备发电）等。对于一个项目来说，这些成本通常是反映在平准电力成本里。归根结底，平准电力成本必须比替代能源有竞争优势，而这个成本竞争力会受到上述因素的影响，以及受到化石燃料发电预计成本的影响。

一、风力发电

风力发电指使用风电机组来利用流动空气的动能，以产生电力。风力发电技术日臻成熟，已取得良好的经济效益，可进行广泛应用。

（一）技术现状

关于风力发电的负面印象很多是基于早期的风力机发电。现代化风力发电机经过技术改进，可控制低电压穿越和输出频率，并提供无功功率支持。这些性能可以使风电机组保持与电网的连接（即使存在电压干扰）；减轻风电机组对电网无功发电资源的提取；继续维持与控制室操作人员的实时通信和数据交换。

2009 年，美国的风场发电量约为 7.076×10^{10}kW · h，相当于美国电量供应的 1.2% [（EIA，2010）可再生能源消耗和电量的初步统计]。美国的风力发电横跨 34 个州，2009 年的装机容量达到 33.5GW（EIA，2009）。罗斯科风力发电场（780MW）和霍尔瑟霍洛风能中心（735MW）是世界两大风力发电场，目前均位于美国得克萨斯州。

在小型和微型风电机组领域，中国拥有世界上最大的行业和市场。1983 ~ 2009 年，中国共生产了 609 039 台小型和中型的风电机组。在 2009 年，中国的 34 个厂家生产的100 318套风电机组中，出口 47 020 套（CWEA，2010）。中国原先制定了到 2010 年风电装机容量达到 5GW，2020 年达到 30GW 的目标（NDRC，2007）。这个 2010 年的目标后来很快地被修改为 20GW。此外，中国已提前一年完成其风电装机容量的目标，即 20GW（计划 2010 年完成，实际 2009 年完成）；2008 ~ 2009 年，风电装机容量翻了两倍以上（从 12.2GW 升至 25.8GW）（CWEA，2010）。并且有可能在 2010 年底达到之前制定的 30GW 的目标，而修改过的 2020 年达到 100GW 装机容量的目标有可能被修改为 150GW。准确地说，自 2009 年起，全球每年的总装机容量为 158 GW（GWEC，2009），而中国的年装机容量将超过英国、葡萄牙和丹麦 3 个国家装机容量的总和（自 2009 年起）。为实现这个目标，中国需要扩大发电容量，使其发电机组的单机容量不仅达到 1.5 MW，还要突破 3 ~ 5MW。图 3-1 显示了中国、美国及世界其他地区在过去几年内的风电推广的进展。

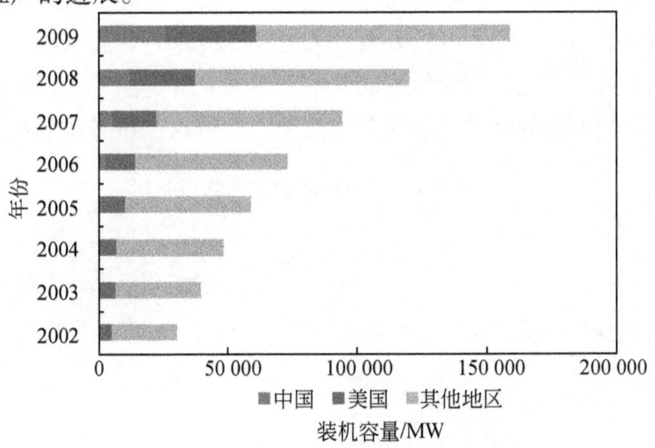

图 3-1　美国、中国和世界其他地区的风电机组应用

资料来源：AWEA，2009

风电推广需考虑的另外一个方面是，大部分风能资源离市区和其他用电地区较远。美国中西部地区拥有特别丰富的风能资源；而中国的内蒙古地区风力强劲。在未来的风电推广中必须同步发展输配电系统，特别是发展低损耗高压输电线路（750 kV 或更高）。

与欧洲相比，中美两国的海上风电机组推广相对比较慢。美国各个联邦海域共有 9 个项目，分别处于不同的发展阶段。这些项目进展缓慢，其原因是由于技术风险、高成本，以及社会和监管的挑战（DOE，2008a）。中国希望大力发展海上风电，却在推广风电机组时遇到其他障碍。这些障碍来自台风和其他恶劣的天气条件，因为大部分海上风能资源分布在沿海地区，而这些地区最容易受到台风的影响。这些问题也部分地反映在中国正在制定的风电机组行业标准的讨论中，尤其是极端气候条件下风电机组的选型（台风和低温/覆冰情况下）。

2010 年 6 月，作为中国也是亚洲第一个大型海上风电项目——上海东海大桥风电场的 34 台海上风电机组，全部并网发电，该项目总装机容量为 102MW。

（二）关键技术的良机

改进风电机组组件的目标包括：①建设更高的风电塔架和制造更长的叶片；②开发更好的电力电子产品；③减少风电机组顶部设备的重量和风电塔架中下垂的电缆线的重量。改进风轮技术，开发机翼形叶片。集中精力改进齿轮箱，在发电机设计中融入更多稀土和永久性磁铁，研究带低速发电机和单级齿轮箱传动装置以及能满足多个并联发电机的分布式传动装置。为改善塔架的设计，某些研究人员正在研究自行装配的塔架和现场制造风电机组叶片。目前，对于陆上风电机组的推广来说，高风速发电站已得到很好的开发，人们关注更多的是低风速发电站。要使风电机组在低风速情况下具有相对较高的效率，必须采用更轻、更牢固的材料来建造更高的塔架和制造更大的叶片。表 3-1 总结了正在审议的逐步改善措施。

表 3-1　风能技术的潜在优势

技术领域	潜在优势	性能和成本增长发展（最佳/预期/最低）/%	
		年发电量	风电机组资本费用
先进的塔架设计	·在条件艰难的地区建设更高的风电塔架 ·新型材料和(或）工艺 ·先进的结构/地基 ·自动装配、自动启动、自动服务	+11/ +11/ +11	+8/ +12/ +20

续表

技术领域	潜在优势	性能和成本增长发展（最佳/预期/最低）/%	
		年发电量	风电机组资本费用
先进(加长)叶片	·先进的材料 ·改善的气动结构设计 ·主动控制 ·被动控制 ·更高的转速、更低的噪声	+35/+25/+10	-6/-3/+3
降低能量损失和改善可行性	·减少叶片污染损失 ·承受损害的传感器 ·鲁棒控制系统 ·预测维修	+7/+5/0	0/0/0
动力传动系统（变速箱、发电机和电力电子元件）	·更少的齿轮级数和直接驱动 ·中/低速发电机 ·分布式变速箱布局 ·永磁发电机 ·中压设备 ·先进齿轮齿剖面图 ·新型电路布局 ·新型半导体装置 ·新型材料［砷化镓，（砷化镓，碳化硅）］	+8/+4/0	-11/-6/+1
生产和学习曲线图	·逐渐提高的设计和工艺改进 ·大规模生产 ·减少设计的工作量	0/0/0	-27/-13/-3
总计		+61/+45/+21	-36/-10/+21

资料来源：DOE，2008a

（三）概述风力发电的技术评估

美国在风电技术方面处于世界领先地位，而中国的风电机组利用规模正在迅速扩大，在2009年其增量已超过美国。虽然在近期内不太可能实现风电领域的技术突破（至2020年），但逐步改善是必然会发生的。由于海上风电机组必须抵抗恶劣的海洋环境和严峻的气候，所有海上风电机组更具有技术突破的可能性。

值得一提的是，一家美国公司（美国超导公司）和中国公司（东方汽轮机厂）已经建立了伙伴关系，共同设计和开发新一代5MW海上风力发电机组。

随着正在进行的风电机组推广，逐渐提高的制造能力，以及风电机组组件技术的逐步改善，中美两国的风电机组成本有可能降低。特别需要注意的是，如果只需要风力发电来满足美国总发电量的20%，那么无需特别增强风力发电技术（DOE，2008a）。但是，必须强调的是，随着风电推广规模的扩大，应加强配电设施的建设来连接发电地区和城市中心。

二、太阳能光伏发电

近30年来，光伏发电的效率已逐步提高。当前商业模块光伏技术发电的转换效率为10%～15%。2009年中国无锡尚德太阳能电力有限公司的光伏组件达到创记录的15.6%的转换效率，这个记录随后被中国京瓷公司的光伏组件以17.3%的转换效率刷新。一些研究实验室已开发出蓄电池元件，尽管比较昂贵，却使光伏技术发电的转换效率达到50%以上，高于其他商业产品。图3-2显示了

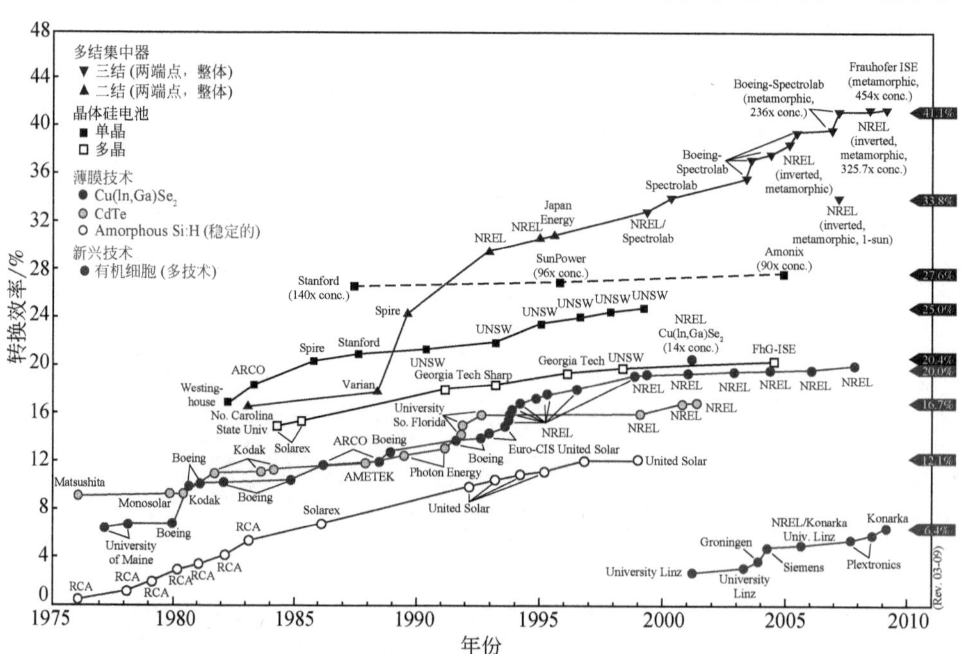

图3-2　光伏电池转换效率的历史发展过程

资料来源：NREL，2009

太阳能电池的最高转换效率的历史进程（NREL，2009）。值得一提的是，提高转换效率并不一定是降低光伏发电整体成本的主要方式。在1980~2001年降低光伏成本的研究中发现，提高转换效率只占整体成本节约的30%左右，另外超过40%的成本节约来自于制造工厂的规模，其他因素如降低材料成本等也对降低光伏组件整体成本起着重要的影响（Nemet，2006）。

（一）光伏技术的现状

太阳能电池一般包括两层材料。第一层材料吸收光线，而第二层材料控制通过外部电路的电流方向。太阳能电池第一层可应用不同的材料或综合应用多种材料，其产生的转换效率也因此而不同。

80%以上的商用太阳能电池是平板式光伏电池，由晶体硅晶片技术制造而成（SolarBuzz，2009）。这种太阳能电池的转换效率为12%~18%。在未来发展中，需要提高这种电池的转换效率并降低其生产成本（DOE，2007e）。其他类型的光伏技术依赖薄膜的发展。薄膜太阳能电池的厚度为1~20 μm，只需平板光伏电池所应用的昂贵半导体材料的1%~10%。此外，应用价格较低的去杂质工艺就可以制造这种薄膜太阳能电池。薄膜太阳能电池的这些优势可弥补其相对较低的转换效率（10%以上）（DOE，2007f）。碲化镉（CdTe）电池在商业薄膜市场上占据最大的份额，但薄膜也可以用非晶硅来制造，或使用铜、铟、镓、硒来作为半导体金属的“CIGS电池”。

某些多结CIGS太阳能电池的转换效率最高。当太阳强度高达454W/m^2时，这种电池的三重多结面结构（$GaInP_2$/GaInAs/Ge①）使其具有41%的转换效率（Dimroth et al.，2009；Guter et al.，2009）。然而，这种电池十分昂贵，在面板配置中并不具有优势。聚光光伏（CPV）系统可应用这种较为昂贵的电池。因为这种电池的聚光率（通常在10~50）有利于减少系统中生产额定电量所需要的面积。高聚光光伏（HCPV）系统中应用双轴太阳跟踪器（聚光率在200~500）。

图3-3显示了2001~2007年全球各地光伏产品的发展。很显然，中国在光伏制造业领域已迅速超过了美国，成为世界上最大的光伏电池制造国，占据极大的市场份额。值得一提的是，中国与外国公司以及研究人员之间的合作，很好地促进了中国光伏生产的进度。到2007年为止，纽约、伦敦、中国香港、新加坡和

① 磷化镓铟/砷化铟镓/锗，Gallium Indium Phophide/Gallium Indium Arsenide/Germanium

中国内地的证券交易所列出了近 20 家中国企业，其综合市场价值高达 200 亿美元。在这 20 家企业中，最大的是尚德太阳能电力有限公司。目前，中国正在建设更多的工厂。到 2009 年，中国光伏产品的产能已达到 600 万 kW。为实现这个目标，中国已经极大地提高硅的产能，从 2005 年的 400t/a，增加到 2007 年的 4310t/a，到 2010 年底可达到 44 700t/a（Yan，2009）。

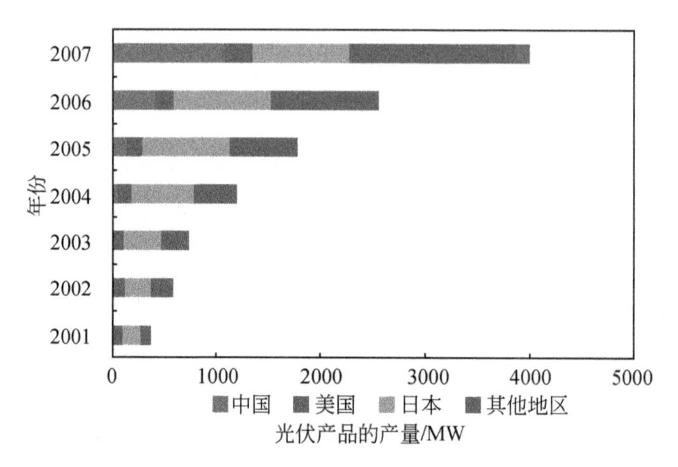

图 3-3　2001～2007 年世界光伏产品的产量

资料来源：EIA，2009

光伏产品的利用与生产率并不总是成正比。如图 3-4 所示，2007 年中国的光伏产品是国内装机容量的 10 倍，而美国只有一半。中国光伏电池的贸易顺差暗示着，中国可再生能源战略的一个重要因素是进入国际出口市场。为了建立一个

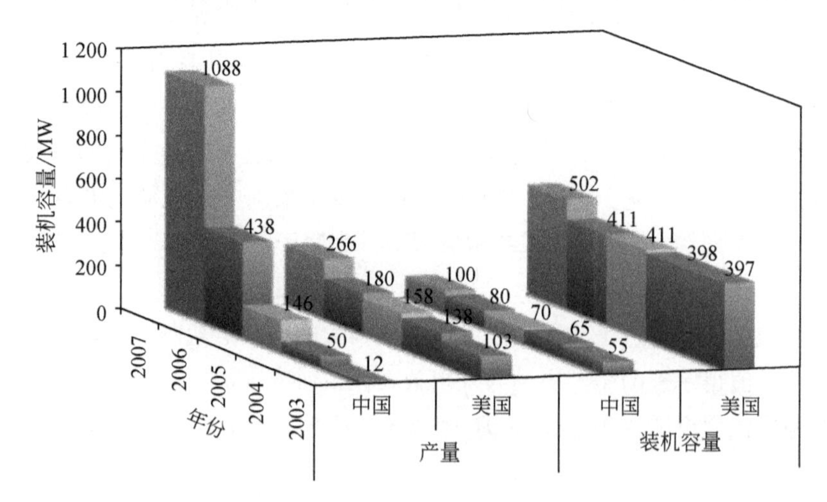

图 3-4　2003～2007 年中美两国的并网光伏发电的装机容量

光伏利用的国内市场，中国在2010年启动了一个光伏发电特许权项目，包括中国西北部的13个光伏发电站项目（每个电站的规模20～30MW不等，总规模达到280MW），开发商通过招标选定。初步价格很低——多晶硅模块价格大约为1.4美元/W，产生的电力价格大约为0.15美元/kW·h。

（二）潜在的技术发展

如要实现太阳能发电技术的超低成本，需实现以学习曲线图为基础的降价，增加发展机会，并提高未来光伏材料和系统发电的效率。因为薄膜工艺流程相对于现有的结晶硅片技术，需要更少的材料（直接带隙），所以有可能带来成本的大幅度下降。同时，薄膜技术也具有高生产量，以及持续的生产速度，所需流程温度也较低（因此能源需求较低）。薄膜技术（特别是非晶硅）的另一个优势是在朦胧的气候条件下，晶体硅板具有更高的能量产出。这对于沿海地区利用光伏发电来说是一个很重要的因素。

如果使用有机塑料太阳能电池、染料敏化的太阳能电池、以纳米技术为基础的太阳能电池和其他创新的光伏技术，则有可能实现更低的成本。例如，有机电池的厚度可以是一般薄膜太阳能电池的十分之一。这种有机电池的组成元件成本低，所需材料少，所用材料具有高的转换效率，并且可以大批量生产。因此，有机电池有利于降低成本。

有趣的是，流水线生产，或生产较低价格但支持太阳电池板的结构（通常指系统平衡，有时占总成本的50%），可以降低推广成本。此外，通过更好地了解配电系统中安装光伏产品的影响以及电力需求，也可降低推广成本。监控现有装机系统的性能和操作，可以在行业扩展时为今后的优化提供数据。

（三）概述太阳能光伏的技术潜力

不同的太阳能光伏技术的发展水平各有差异。目前，硅晶体平板光伏技术已日臻成熟并得到广泛利用。与美国相比，中国具有优越的生产能力，能以较低的成本生产这种硅晶体光伏太阳能电池。硅晶体光伏电池的生产成本降低、转换效率和可靠性的提高，将更能吸引顾客。在美国，尽管某些新兴技术（如薄膜）处于相对成熟的发展阶段，具有极大的降低成本的潜力，但是需要进一步研究和测试。其他竞争性技术（如染料敏化光伏技术和纳米光伏技术）处于早期发展阶段，需要进一步发展技术来实现其商品化。

三、聚光式太阳能热发电系统

聚光式太阳能热发电系统将太阳能转换成高温热量。这些热量可用来发电或推动化学反应（合成气或氢）。聚光式太阳能热发电技术分为三种类型，分别是抛物槽式、发电塔式（又称中央接收聚光器）和碟式斯特林引擎系统（又称抛物碟式）。这些技术的差异主要表现在光学系统和吸收太阳辐射的集中接收器这两个方面。这些差异决定了发电站的潜在规模（从最小的斯特林聚光器到最大的抛物槽式发电站和发电塔）。

（一）技术现状

抛物槽结合了传统的郎肯（Rankine）循环，使用凹透镜将直接辐射集中到含有合成油的线型接收器上。受热后的合成油可用来使蒸汽过热，从而驱动传统的涡轮机（发电机）来发电。抛物槽式发电站具有储存太阳能的能力（如混凝土、熔盐或温跃层储存），将发电延长几个小时。年度太阳能—电能的转换效率为 12% ~25% 。如无储存，则容量系数为 26% ~28% 。

发电塔式和碟式太阳能热发电技术在应用太阳光线双轴跟踪系统方面具有相似性。发电塔由许多双轴镜（反射镜）组成。这些双轴镜追踪阳光并将射入的太阳辐射聚焦至塔顶接收器上。碟式技术使用双轴抛物碟将太阳能聚焦到腔体接收器上。腔体接收器吸收太阳能并将其转移至热机（发电机）（Mancini et al.，2003）。目前并没有大型太阳能碟式斯特林发电站提供操作经验，但每年太阳能—电能的转换效率预计处于 22% ~25% （NRC，2009）。

目前，聚光式太阳能热发电技术可用于商业化，其中槽式发电系统垄断了美国市场。美国聚光式太阳能热发电的一些新型发电站包括装机容量 64 MW 的内华达州一号发电厂（Solargenix 公司创建，自 2007 年起操作）、1MW 的萨瓜罗发电站（亚利桑那州），以及 5MW 的塞拉利昂发电塔（加州兰开斯特市）。据估计，到 2015 年为止，如果市场能够接纳，那么聚光式太阳能热发电行业可推广 13.4 GW 电力（WGA，2006a）。自 2009 年 2 月起，美国签署的聚光式太阳能热发电采购协议包括 4 GW 电力，但是计划项目中的装机容量约是上述数值的两倍（Mancini，2009）。2010 年，一些大型项目得到了联邦贷款担保，比如装机容量为250MW 的索拉纳项目（亚利桑那州），以及440 MW 的艾文帕发电塔项目（加利福尼亚州）。在这些贷款担保下，上述发电项目能够继续进行建设。国际能源机构汇编了世界各地的聚光式太阳能热发电项目数据，包括正在开发的、处于建设阶段的和已经运行的项目。目前，国际能源机构在其 SolarPACES 计划中发布了这些数据（参见 solarpaces. org）。

中国的聚光式太阳能热发电仍处于开发阶段。在2006 年，中国通过了建设装机容量为1 MW 的实验型发电塔的计划，预计在2010 年开始运行。同时，中国的可再生能源发展计划中也包括太阳能热发电。除了1 MW 的实验型发电塔外，中国还计划到2015 年建成装机容量为100 MW 的发电站，并到2020 年建成装机容量为300MW 的发电站。据估算，到2015 年为止，中国能增加其聚光式太阳能热发电装机容量至100MW（Wang，2009）。总而言之，美国在聚光式太阳能热发电技术方面具有更多的经验，因此，美国可以帮助中国提高聚光式太阳能热发电技术的利用。

（二）关键技术的良机

就近期来说，聚光式太阳能热发电系统设计的逐步完善可促使成本降低，并降低性能预测的不确定性。安装更多的系统，利用规模经济，制造商可进一步降低成本。对某些特殊组件来说，增大聚焦器的反射镜面积（定日镜或碟式聚焦器），采用低成本的结构，应用更好的光学产品和高精度日光追踪系统，也可以降低成本。此外，接收器技术也将得到改进。

储能技术是需要改进的重要部分，如混凝土、石墨、相变材料、熔盐和温跃层储能。熔盐槽可以提供许多小时的储能，而改进的泵和阀可延长储能时间。熔盐接收器在550℃高温下储能，为涡轮机提供动力，可延长储能时间至12h。目前，尽管西班牙在项目中计划开发几个商业运作的熔盐接收器发电站；美国加利福尼亚州的太阳能Ⅰ计划（建于1981 年的一个10MW 的试验电厂）在1995～1999 年的更新设备中应用了熔盐储能，但是世界上尚未有商业运作的此类型发电站。

四、生物质发电

（一）技术现状

大部分燃烧生物质的发电站在蒸汽—朗肯循环的基础上进行操作的。在这些发电站里，燃料直接燃烧产生的热量可用来生成高温水蒸气，从而驱动发电机。如果是气体燃料，则可使用效率更高的涡轮引擎（在气体—布雷顿循环的基础上进行操作），这与燃烧天然气的发电站类似。除此之外，当装机容量低于 5 MW 时，涡轮显得过于昂贵。在这种情况下经常使用燃气往复式发动机。

生物质发电站与燃煤发电站之间的最大差异体现在发电站的规模上。以木料燃烧为基础的生物质发电站（约占生物质发电的 80%）的发电装机规模通常小于 50 MW。与此相比，传统燃煤发电站的装机容量规模为 100 ~ 1500 MW。现有的生物质发电站的平均装机容量约为 20 MW。垃圾填埋气发电站的装机容量为 0. 5 ~ 5 MW，而燃烧天然气的发电站的平均装机容量为 50 ~ 500 MW，其规模是垃圾填埋气发电站的 100 倍。

生物质所含的能量低，而运输成本却很高。这是导致生物质发电站规模相对较小的因素之一。例如，木料的水分含量约占总重量的 20%。即使是干木料，所含能量约为9780Btu/lb（18. 6MJ/kg）。与此相比，煤所含能量约为 1. 4 万 Btu/lb（25MJ/kg）。值得一提的是，绝大部分在中国和美国使用的煤的热值都小于这个数值（且接近于干生物质的热值），如此一来，在很多地区，生物质都适用于混燃。由于生物质发电站的规模小，在这些电站里应用高效率技术的成本在经济上并不合理，因此生物质发电站的发电效率（低于 20%）远低于化石燃料发电站的效率（高于 30%）。

垃圾填埋气发电站可直接建在垃圾填埋地，这样就可以减去运输成本。垃圾填埋气的产气率决定了这种发电站的规模，而垃圾填埋地的总面积反过来又决定了产气率的大小。以黑液和木料纤维萃取的副产品（含丰富木质素）为基础的生物质发电站，其特点也体现在协同定位和尺寸匹配上。

对于生物质—煤混合燃烧的发电站来说，煤是主要的燃料，而固体生物质是相对次要的燃料。因此，这种发电站的规模相对较大，效率也更高。在具备最佳设计的情况下，生物质—煤混合燃烧的发电站可应用不同的生物质—煤比例。随着技术的发展，可在这种发电站中使用更多更便宜的生物质，从而带来可观的经济效益。此外，与纯燃煤发电站相比，生物质—煤混合燃烧的发电站的硫氧化物（SO_x）和微粒排放量较低，产生的灰渣较少，但氮氧化物（NO_x）的排放量较高，这是由于生物质中含有氮的缘故。减排是生物质混燃的主要推动力，而这也延伸到了温室气体的减排。在很大程度上，对环境的权衡取决于生物质的特征。此外，生物质—煤混合燃烧对于选择性催化还原技术的效率影响是一个重要的问题，必须予以解决。

虽然城市固体废弃物含有巨大的能量，但是由于废弃物中的大部分碳来自石油，而垃圾填埋地储存这些碳的过程可称为“碳吸存”，所以将这些燃料称为可再生能源并不合理。因此，美国某些联邦州的可再生能源组合标准（RPS）中不包括这些城市固体废弃物。城市固体废弃物发电的过程与生物质发电的原理一样，依靠直接燃烧产生热量，形成蒸汽，从而驱动发电机。

垃圾填埋气是固体废弃物进行厌氧分解时产生的气体，含有约50%的甲烷，50%的二氧化碳，以及其他微量成分（有机气体）。与固体废弃物不同，垃圾埋填气并不是指在垃圾填埋场“隔离”的气体。垃圾填埋气释放的温室气体甲烷，其效力是二氧化碳的20倍。

在美国，自从1978年的《公用事业管制政策法》（PURPA）允许小型发电商（低于80MW）可以用公用事业电力价格来购买剩余电力，从而避免发电成本。这个法案以及各种联邦州的奖励政策促使美国的生物质发电急剧增长。1980~1990年，这些政策促使了生物质发电并网的装机容量的增长。这些确切的条文促进了150亿美元的行业投资，并创造了6.6万个就业岗位（Bain et al.，2003）。然而，由于各种各样的原因，到20世纪90年代早期，生物质发电行业的发展变得缓慢了。这些原因包括：①由于基础设施不足导致的原料价格的增长；②市场成本，或生物质发电相对较高的成本（与天然气联合循环发电相比）；③对公用事业监管的环境效益缺乏明确的核算。此外，根据《公用事业管制政策法》签订的避免成本合同（要求公用事业从独立发电商处购买来自可再生能源的电力，其价格等同于公用事业用来建造新化石燃料发电站的费用）已经到期，而公用事业没有成功买回这些合同。

近年来，美国的生物质发电在所有可再生能源发电的装机容量中占10%，仅次于水力发电（EIA，2006；2007；2008；2009；2010）。2007年，美国可再生能源发电的装机容量达到10.72 GW，其中约7 GW来自林业产品残余物和农业，而约3.75GW来自城市固体废弃物。据美国能源信息署（EIA，2001）的估算，在参考案例中（“基准情景”），生物质燃烧发电的装机容量从2000年的6.65 GW增至2020年的10.40 GW，年均增长188 MW。根据美国能源信息署（EIA，2007）的记录，2001~2005年，生物质燃烧发电的最大发电量无特大变化，仅从9.71 GW增至9.95 GW。平均年增长量为60 MW，比预期水平还要低。但是，到2020年为止，总装机容量几乎可以达到预期水平。当前的技术足以使生物质发电的装机容量增至10.40 GW，而存在的障碍来自于生物质发电的推广，而不是技术。

木料生物质的使用得到改进，而同样的，垃圾填埋气发电在近期内也会增长。这是因为垃圾填埋气发电不仅可以实现市区供电（离用电需求地很近），还可减少甲烷的排放量。自 2007 年起，美国已运行的垃圾填埋气发电项目约 445 个。这些项目每年总共发电约 1.1×10^{10}kW·h（每天运输 2.36 亿立方英尺①的垃圾填埋气，直接利用），在生物质总发电量中所占比例不到 20%。自 2007 年起，美国环境保护署（EPA）已经确定了约 560 个备用的垃圾填埋气地点，每年总发电潜力可达 1.1×10^{10}kW·h，刚超过美国当前电力需求量的 0.25%（EPA，2008）。

至 2008 年底，中国的生物质发电的装机容量达到 3.14 GW，其中 1.7 GW 来自甘蔗渣，603 MW 来自废弃物燃烧，592 MW 来自非废弃物直接燃烧，173 MW 来自沼气燃烧，50 MW 来自碾米机（小规模离网系统），以及 18 MW 来自生物质气化。2006 年后期，中国授权建造了国内第一个生物质直接燃烧发电站，且在此领域得到迅速发展。2004～2007 年，中国政府批准了约 87 个生物质发电站，总装机容量达到 2200 MW。2008 年的装机容量超过了 600MW。

生物质气化发电是适合中国的一项技术。如中国科学院开发的循环流化床气化设备。这个首创项目应用燃气引擎发电机，其装机容量为 5.5 MW。2006 年，该首创项目圆满完成。其他 4 个项目已经完成或将近完成，总装机容量可达 18 MW。与此相比，自 2005 年起，中国的沼气发电迅速增长。在上述 173 MW 的装机容量中，79 MW 来自轻工业的废蒸汽（如酿酒厂、制酒厂和造纸厂），45 MW 来自城市固体废弃物和垃圾填埋气，31MW 来自牲畜沼气。

如上所述，生物质也可用于火电厂，进行联产发电。因此，生物质的发电量在美国 2005 年度的可再生能源供电中所占比例近 50%，是最大的可再生能源资源（EIA，2007）。因为这些生物质供应测量和条例阻碍了对联产发电的补贴，所以中国的联产发电发展缓慢。中国目前已有两个试验型联产发电项目，生物质燃烧占 20%，计划在将来达到 80%。

（二）潜在的技术发展

短期内的技术进步与生物质发电站的设计相关，这些技术进步可确保燃料的灵活应用，特别是在生物质—煤燃烧发电站。这要求燃料供给和排放控制系统适

① 1 英尺 = 0.3048m

合生物质燃料的可变特性。采取的战略包括在单个的原料系统中加入预混的煤和生物质，或分别加入煤和生物质。

中期的技术发展主要集中在预处理阶段，即将生物质转换成气体或液体燃料。与固体燃料相比，气体或液体燃料更加适合发电。燃气涡轮发动机具有相对较高的操作效率，但固体燃料不可直接用于这种燃气涡轮发动机中。因此，必须应用气化处理，将固体燃料转换成气体或液体燃料。有待发展的领域还包括蒸汽引擎和燃气涡轮机所需的更低成本的高温材料。

生物质发电远期将在两个不同的领域实现突破。第一，直接将生物质原料转换成清洁燃料。从本质上说，在常温下使用细菌可以代替气化和热分解的高温催化过程。将沼气投入内燃机，用于发电；或直接用于供热和炊事。第二，典型的太阳能—生物质的转换效率约为0.25%，因为生物质发电会额外产生50%的损失，所以太阳能—生物质—电能的转换效率约为0.1%。而最新的光伏发电系统和聚焦式太阳能热发电系统的转换效率为10%~20%，远远高于太阳能—生物质—电能的转换效率。提高光合作用效率，可以从根本上取得生物质发电的突破。

五、地 热 发 电

现有典型的地热设备，是利用水热型资源（热水或蒸汽）来发电，该水热型资源处于地面以下大约3km内。这些设备的运行时间可达90%~98%，并由此提供基本的电力负荷。虽然这些技术的利用有待进行适当提高，但如果地球深层所储藏的热量能够提取的话，则一种更加积极的发展方案是有可能的。关于这个早期阶段的技术的研究一直进行着，这种技术可以成为增强型地热系统或“干热岩”。增强型地热系统是一种途径，它的研究是采取水力模拟试验，例如冰岛在卡拉夫拉 Krafla，亨吉德山 Hengill 及雷克雅未克 Reykjanes 地热田的深钻项目就是计划找到一个4~5km深的高温水热资源（400~650℃）（Stefansson et al.，2008）。

（一）技术现状

地热蒸汽电站，是直接利用热储的蒸汽来直接驱动汽轮机，或者是利用热储的热水（175~300℃）通过降压在闪蒸器中产生蒸汽来驱动汽轮机。双工质循环电站，是按一定程序使热水通过一个封闭的换热器回路将地热水（通常为90~

175℃）的热能转换为电能，在换热器中低沸点碳氢化合物，如异丁烷或异戊烷，被蒸发成蒸汽，去运转一个郎肯发电循环。由于低温热储比蒸汽热储更为常见。因此，双工质循环电站比蒸汽电站更加普遍。同时双工质循环电站能够建在水资源有限的地区。此外，该循环是封闭循环，因此，不像水蒸气循环那样排放出污染物。

如果能成功开发增强型地热系统，则可采集地下 3～10km 深处的巨大热能。但是，由于要求深钻、低渗透性和扩大热储，因此广泛推广增强型地热系统仍面临着技术和经济上的挑战。

全球地热发电装机容量为 10 500MW，其发电量为 7×10^{10}kW·h。美国拥有世界上最大的地热发电装机容量，约占世界地热发电容量的三分之一。此外，美国还拥有世界上最大的（单机）装机容量。

常规的水热型地热发电的增长，主要发生在美国西部。西部州长协会已经评估了约 140 个地热能站点（已知和可用的）的开发潜力（到 2015 年为止）。据西部州长协会的评估结论，美国西部各州共享有 5.6GW 未使用的容量。在未来的 10 年内，可开发这些容量（WGA，2006b）。地热能源协会还确定在 13 个州开发超过 100 个地热项目，在未来的 10 年内，这些处于开发阶段的项目所代表的容量将是常规地热容量的两倍多（GEA，2009）。虽然勘探和资源评估方面的技术进步会对发展新电站有影响，但是不需要额外技术去开发这些资源。

虽然中国在低温地热能源利用方面是世界佼佼者领域（用于供热和制冷），但是在地热发电方面经验不足。中国最大的地热电站是在西藏羊八井，有 8 台两级闪蒸机组，总装机容量为 25.2 MW（Wang，2008）。另外一个在建的地热电站是在云南省，容量为 48.8 MW。对地热发电，中国政府的目标是合适的，即在 2010 年装机容量为 100MW，到 2050 年装机容量为 500～1000 MW。但是这些预测没有反映在增强型地热系统方面的技术进步的潜力。

（二）关键技术的良机

增强型地热系统的主要技术难题是：精确的资源评估和了解如何可靠地实现破裂岩石的充分连通，以获得商业上可行的持续的生产率。其他亟待解决的问题包括：潜在的诱发地震的风险、地面沉降和需要的水量。模拟分析显示，增强型地热系统的各个井具有强大的生产能力来获取足够的热量（MIT，2006）。然而，在给定深度和足够成功经验的背景下，增强型地热系统在实地生产足够热量却受到限制。

常规的水热型地热资源的开发技术没有主要障碍。但是钻探和动力转换技术的改进，会使造价降低和系统更加可靠。有很多途径可改进增强型地热系统技术，和对其更好地了解。根据美国能源信息署所作的电力价格预测，增强型地热系统的成功实现将要求在250℃下持续生产80 kg/s的流量（相当于一个水热型热储的生产能力），并且每口井发电约5 MW（DOE，2007b）。

钻探可能也是个难题，因为增强型地热资源是储存于结晶的岩石中，和石油天然气开采的很软的沉积岩不同。此外，对增强型热储至关重要的流量和热流量也存在着很大的不确定性。

六、水力发电

传统水电是最廉价的电力来源之一。通过传统的水电技术和新兴技术（比如从海洋潮流、波浪能源和温度梯度中提取能量），可将流水中储存的能量转换成电能。目前，可再生能源发电的最大资源来自淡水河（又称传统水电或简易水电）。

（一）技术现状

绝大部分水电项目要求具备水坝（储存和控制水流）、压力钢管（利用虹吸原理从水库中汲取水源并直接送至涡轮机处）和发电机（将机械能转换成电能）。涡轮机和发电机的容量、流过涡轮机的水量，以及水头（压力钢管中的水源落差）共同构成了发电量的函数关系。水电站类型包括大型的传统水电站（发电容量大于30 MW），低水头水电站（水头小于65英尺，发电容量小于30 MW），以及微型水电站（发电容量小于100 kW）。所有类型的水电站共享同一基本技术原理。

虽然在美国新的大坝建设的潜力可能有限，但有很多机会进行“径流式电站”项目，将河流里的水改道，利用流线和压力管，当水通过发电站以后，将其引回河流下游。同时，越来越多的“水道”项目受到关注。这些项目利用水道（最初是为非水电目的，如灌溉）来产生水电。目前，在美国现有的8万个水坝中，一小部分（约3%）被用来发电（NHA，2010）。

应用浸入水里的涡轮机可以利用潮汐流、河流和海洋流。但是，目前尚未有单独的方法来将波浪能转换成电能。可采用的方法包括：①漂浮和浸入设计，从冲击浪中直接获取能量；②其他设计，利用波峰和波谷的水力坡度来发电（Minerals Management Service, 2006）。最后一种设计是集中波浪，然后将波浪涌入水库，迫使水库中的水流经涡轮机，从而成功发电。

其他方法包括应用长条多分段漂浮结构，开采海洋表面变化中的能量，从而驱动水力泵和发电机。海洋热能转换技术应用海洋天然的热梯度来驱动发电循环，从而将太阳能辐射转换为电力，设计盐度差发电系统可开采淡水和海水之间的渗透压力差所产生的能量。但是，这些技术仅处于概念阶段。虽然这些非传统水电能源含有巨大的能量，但是在利用它们进行大规模发电前，必须解决重要的技术和成本问题。

对中美两国来说，水电是一种重要的发电方式。中国的三峡水坝是世界上最大的水电站，其发电量达到 21.5 GW。中国计划在 2011 年或之前建成另外一座发电站，使三峡水坝的发电量达到 25.6 GW。自 2008 年起，中国水电的发电量约为 172 GW，相当于中国总发电量的 17%。美国的水电发电量近乎 80 GW，约占国内总发电量的 6%。

（二）关键技术良机

美国已经开发了许多黄金地段来开展大规模传统水电项目，需要改进的领域包括减轻对水生野生动物的影响，以及在某些情形中提高现有发电站的效率。在未来 10 ~ 25 年内，大规模示范性项目的推广将提供许多探索的机遇。虽然这些探索机遇不一定会引起技术突破，但是它们能为非传统水电带来一系列的技术改进。例如，华盛顿马考海湾近期安装了 4 个 250kW 的浮标，可通过 3.7 英里长的海底电缆连接至电网（Miles, 2008）。

（三）水电的技术潜力概述

在美国，人们更倾向于将河流系统恢复到自由流动的状态。虽然这些举动不会导致移除大部分水力发电设备，但是可能阻碍大量增加水电站的计划。在中国，除了存在另外的几百兆瓦水电容量的潜力外，大规模的水电项目也面临着相似的影响和顾虑。此外，新型水流、波浪和潮汐发电机的未来在技术上也具有巨大的不确定性。目前正在发展的海洋和水电技术的示范性发电站，其中一些已并入电网。但是，中美两国尚未开发出统一的设计，并且没有长期应用这些技术的经验。

七、电网的现代化

电网现代化有利于更容易地使间隙性输出的可再生能源电力与总体电力供应相结合。现代化电网还具有其他优势，如提高安全性和发电质量，创建自行修复的能力，以及在更高负载的基础上进行可能的操作，从而减少热过载的风险。此外，电网现代化含有动态的交互性设施。这些设施可提供实时的电力和信息交流，从而大大地改善电力需求的管理。电网现代化的两个主要方面分别是储能技术和所谓的“智能化”技术，具体参见以下讨论。

（一）储能

不管利用何种资源来发电，储能技术对于发电系统来说都是很宝贵的。并且，储能对于风力发电和太阳能发电系统尤其重要。本小节将会简要概述储能技术，但不会全面评估其使用或其最新的技术发展。虽然燃料电池可供商业化并且可以催化可再生燃料，但氢技术仍未在商业中可行，然而其作为一种储能方法（特别是燃料电池）却已引起多方关注，在本小节，这两项技术不予以讨论。

大幅风能和太阳能可再生能源电力（超过20%）的加入将潜在地加重负荷管理的负担，因此，开发储能技术可有效地应对这些挑战。多小时的兆瓦规模的储能可以用来将太阳能发电站和风电场的电力“转移”，以更好地适应需求。特别是大型风电场，在傍晚时分最具生产力，而此时的用电需求最低。

储能是任何发电系统的重要组成部分，可提供许多益处。这些益处包括：避免更新输配电基础设施、调节频率、提高电力质量、避免排放温室气体（省去了煤/天然气作为后备的燃料需求）。储能需求或间歇性成本变化很大，其决定性因素如下：一个特定区域的现有的发电量、需求/价格政策，以及可再生能源发电与负荷模式的适应程度等。储能既不一定要作为“备用”来增加每种资源的变化性输出，也不一定要作为管理可再生能源发电间歇性的唯一选择。

评估储能的一个方法是应用灵活供应曲线。许多灵活性资源可以以不同的数量或价格来使用，供应曲线基于多种因素，随着不同的地区而不同。对能源和辅助性服务来说，资源灵活可行性最高的是竞争性的批发市场，包括快速市场、慢速市场以及基于价格的负荷市场。在某些地区没有可用市场的情况下，灵活性发电以燃气涡轮机容量或水力容量的形式存在。通常最先尝试的是最实惠的灵活性资源，根据目前的价格水平，新的能源储存位于灵活供应曲线的最末端。

储能技术体现在放电时间和额定功率上（图 3-5），通常用于以下三种功能：频率调节、稳定和负荷转移。迅速释放能量的技术能有效地调节频率。这些储能技术包括超大电容器（仍未商业化）和大功率飞轮（作为商业用途，在纽约和美国的新英格兰州用来调节频率）。为实现多小时储能，可采取大功率措施，如抽水蓄能、压缩空气、使用某些蓄电池，以及能将电能转换成化学燃料（如氢）的装置。

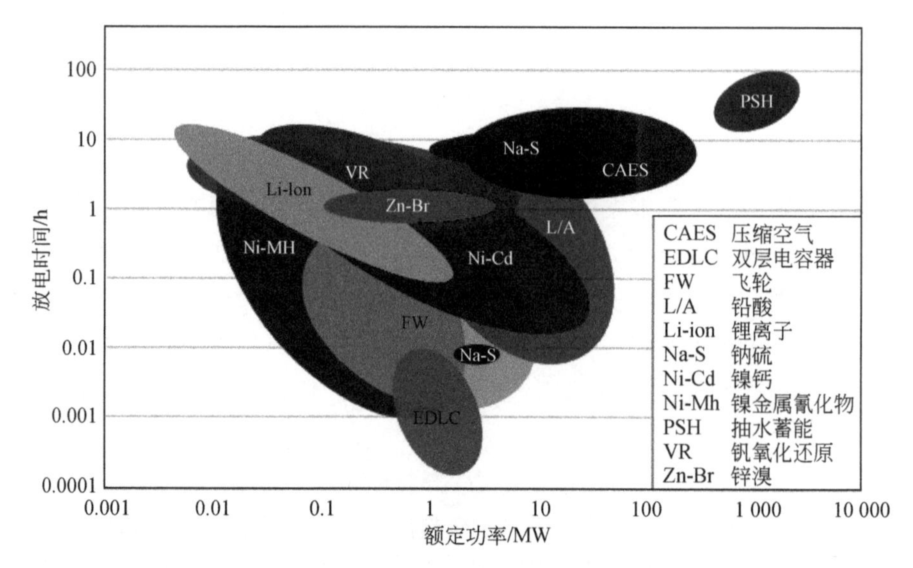

图 3-5 未来储能技术的容量

资料来源：http：//www. esachina. cn ESA，2009

（1）抽水蓄能

抽水蓄能，即利用能量将水抽至蓄水池，在需要用电时将水释放出来，流经涡轮机，用以发电。这是一种成熟而有效的技术，也是美国当前唯一最重要的储电方式。这种储电方式可以缓解电力需求和供应之间的起伏。目前在美国，有 40 个 抽水蓄能项目，并且在 2009 年末，另外的 23 个项目已经初步获得美国联邦能源管制委员会（FERC）的允许，相当于 15GW 的发电量。除此之外，还有 15 个项目，相当于 16GW 的发电量，正在等待联邦能源管制委员会（FERC）许可（Miller and Winters，2009）。2006 年，中国共有 19 座抽水蓄能电站，其发电量为 9.27 GW。此外，中国计划到 2010 年实现发电量 18 GW，到 2015 实现发电量 32 GW，到 2020 年实现发电量 50 GW。然而，由于美国缺乏合适的环境地点，且抽水蓄能是能量密度相对较低的存储解决方案，因此，美国的抽水蓄能的增长是有限的。

（2）压缩空气储能

压缩空气储能（CAES），即将能量储存为压缩空气，通常储存在地下或气密室进行，但有时储存在枯竭的天然气田或地面储罐。压缩空气储能将电力以压缩空气的形式转换为机械能，在空气被释放出来时，加热（通常用燃烧的天然气），然后用于使涡轮旋转来产生电力。

在透热性储能过程中，先冷却空气，然后将空气输入气密室。当需要发电时，应用经改进的燃气涡轮机进行外部加热，从而使空气膨胀。压缩空气储能发电站与传统的天然气发电站具有许多相似性。因此，美国的这两个发电系统经批准后，已安全运转；而相关技术已日臻成熟。总而言之，与总体电力消耗相比，这些发电站的储能容量是极小的。例如，美国阿拉巴马州麦金托什市的发电站储能容量为 110 MW。在水位降低之前，该发电站的储能密室允许在额定功率的基础上进行连续 26h 的操作。压缩空气储能系统的新措施是应用定向微型系统。这些系统可储存较小量能源，并利用地下天然气储存基地和枯竭的天然气田。

压缩空气储能系统储存的不仅是空气压缩的机械能，还有空气压缩时产生的热能。因此，这种系统不需要燃烧燃料。透热性压缩空气储能系统的发电原理是利用热风驱动涡轮机（在缺少燃料燃烧时），从而驱动发电机。虽然组成压缩空气储能的大部分技术都是已知的，但是这些系统的示范性应用尚未存在。

（3）蓄电池

蓄电池通常含有两种电极活性材料，以电解质膜隔开，可允许选择离子通过这些材料。蓄电池再充电的能力取决于电极反应的性质。可再充电蓄电池可由种类繁多的化学系统组成。商业电池是由锂离子、铅酸、镍镉或钠硫组成。这些合成物具有不同的效率，介于65% ~95%。钠硫电池已经被证明是有效的，并且在多小时充电和放电方面以及兆瓦级规模方面是可靠的，所以，在电网规模级的应用中，可以考虑应用钠硫电池。成千上万的铅酸电池在中国被用在分布式并网系统中。此外，在中国的一些边远地区，铅酸电池也可用来支持风力和光伏发电。

可代替传统电池的是液流电池和再生电池。液流电池的惰性电极可简易地收集电流。这种电池内存在两种化学溶液，以电解质膜隔开。蓄电池内的总反应可归结为这两种化学溶液的反应。决定储能容量的是反应溶液的储存容积，而不是传统电池的电极尺寸。再生电池是另外一种可选用的电池。这种电池具有复杂的系统，包括泵、阀和腐蚀性液体。因此，这种电池不适合作为便携式电池使用。但是，由于这种电池的储能和输能部件是明显分开的，因此公用事业储能中经常使用这种电池。

根本性突破能否给传统或液流电池带来革命性的进展，是不确定的。例如，石油中储存的能量密度仍然远远大于当前锂电池或液流电池所能储存的能量密度。中美两国正积极参与这些储能系统的研究和示范（研发）项目。美国主要集中开发可用于运输领域的电池。同时，美国越来越意识到在公用事业规模发电储能中应用这种电池也是重要的。

（二）电网智能化（智能电网）

储能只是改善和促进可再生能源电力联网的技术方法之一。其他的技术对于确保电网可靠性和优化可用的可再生能源资源也是很有用的。这些技术将包括智能仪表（可以启动和关闭器具，并允许时段差定价）、电源转换器、调节器、电源和负荷控制技术，以及用于预报和操作的改良软件（Kroposki，2007）。

一般来说，对电网进行再测量，可以增加可用的电网信息并且允许更现实的调度方法，以更好地利用现有的电网组件。随之，输电、配电和发电直到住宅、商业、工业负荷将逐级受益。目前在美国，电力市场提供了一些这类信息，但从智能电网中获得的信息将大大地增强电力市场的运行。

虽然目前尚未彻底确定现代化电网的定义，但现代化电网有可能包括如下设备：

1）相位同步器（synchrophasors）和其他检测设备将被安装，用来从多个地点方位监控电网的状态，随时确认电网中有哪些拥塞的关键点。这将让新的、更先进的控制算法来优化输电调度、发电和需求资源，从而解决拥塞。此外，将提供一个更可靠的电网，使得越来越多发电资源的输出能力得到平稳整合。

2）目前美国利用的智能电表，将传达定价和（或）智能电网情况的信息，使得信息资源能够回应。

3）许多资源将安装控制器（目前已经存在了），它们根据智能电表的输出来改变其负荷曲线。这些控制器可能包含小型发电机、电机、泵、负荷切换空调、储存设备、变速泵，以及几乎能适用于间歇性或可变操作的任何负荷。

1. 先进的计量方法和需求响应

先进的计量方法（又称智能仪表）指具有以下功能的电表：①为用户提供电力消耗的详细图解；②允许更多的电力需求管理。通过在用电高峰时段关闭某些设备，智能仪表可以帮助降低负荷峰值。此外，智能仪表为用户提供的价格信号反映了电力的实时可用性和成本。比如，设备（如洗碗机）可以被设置为只在傍晚，有足够风电可用时才运行。

2. 软件/建模支持

新型的电网操作工具有利于可靠地使可再生能源资源和电网相结合。运行建模和“系统影响”算法有利于更容易地管理可再生能源电力的过渡性和间歇性问题。具体来说，软件算法可以更好地预测资源可用性，不管是风能还是太阳能；此外，建模工具可以预测系统在静态和动态条件下应如何反应；这些技术将帮助运营商在发电组合中，融入更多的风力发电和太阳能发电电力。此外，改良的可视化技术、新型的训练方法和先进的模拟工具均有利于操作人员更好地了解电网的状态。

八、结　　论

近期（到2020年），风能、太阳能光伏、聚光式太阳能光热、常规地热能、太阳能光热应用、常规小水电，以及一些生物质能发电在技术上已做好了扩大规模和加速推广的准备。尽管聚光式太阳能光热具有规模效用（美国经验），但是，中国在设计大规模发电站时仍然更加重视太阳能光伏发电，而非聚光式太阳能光热技术。如果将聚光式太阳能与节水及储存技术结合起来，将非常适用于大规模太阳能基地。适合陆上推广的风电机组设计已日臻完善，并能够与那些过去认为难以用于风电机组的技术相结合。这种 新型风电机组可进行大规模推广。风电机组未来的发展包括设计能抵抗台风的海上风电机组。

其他技术，特别是水动力技术（海洋流、波浪和潮汐）似乎是地区有前景的基底负载发电选择。但是，这些技术有待进一步发展。生物质生产具有可靠性，但必须解决土地使用问题，特别是替代食物生产的土地。提高生物质产量和改善换能技术，可以将其转换为液体燃料。

随着两国继续加快可再生能源发电设施的建设，如果中美两国能够建立快速信息交流的机制，那么将带来更多利益。美国在可再生能源的应用推广中获得经验并降低了开发成本，那么中国也会在可再生能源项目的快速发展中获得经验。目前中国的海上风电正在赶超美国，并开始计划推广新一代5MW风电机组。这些推广的有效信息可以提高技术水平，有利于可再生能源技术的全球化，特别是对发展中国家而言。两国之间的合作需解决一些潜在的争议性问题，如共享知识产权或商业保密信息，对继续改善可再生能源技术来说，这是非常重要的。

与化石燃料或核能不一样，可再生能源必须在有可再生能源资源的地方就地开发，可再生能源的间歇性特征使得可再生能源电力的输配电变得比较复杂。随着可再生能源发电在总发电量中占据越来越大的份额，与电力系统管理相关的问题变得越来越重要了。为确保可再生能源发电的生存和发展，需要在电力传输设备中应用统一"智能化"电子控制的同步叠加功能，以及通信系统技术。电网的改善不仅有利于可再生能源发电的一体化，还能增强系统的可靠性，提供巨大的发电容量和价格优势，并减少后备电源和储电的需要。

随着可再生能源应用规模的扩大和经验的积累，现有可再生能源技术的成本逐渐降低，从而使可再生能源的进一步推广成为可能。然而，要使可再生能源发电成为发电系统的主要力量，必须进行技术研发或者降低现有技术的成本，使之具有可行性。此外，可再生能源的进一步推广最终要求：①大规模分布，有成本效益的储能方式；②节约成本的远距离电力传输的新方法；③管理大量动态数据。

在很大程度上，可再生能源发电的推广主要受到地域性和间歇性因素的限制。因此，在利用这些能源时需应用模块化技术（项目的规模可大可小）。某些能源更适合分布式和离网应用。在这些特定条件下，中美两国需要改变各自的输配电系统，以适应和整合大量可再生能源生产的可变电力。两国政府在新一代电网技术方面均投入了相当多的资金（仅在2010年的投资都超过70亿美元）。中国投入了近10倍的资金（经济复苏一揽子计划中拨出700亿美元）来建设新的高压传输设施。这些项目建设为两国提供大量相互学习交流的机会。其中值得重点关注的问题包括电网的稳定性、负荷管理、系统灵活性（包括兆瓦级多小时储电），以及电气化运输设施的兼容性。

此外，中美两国在分布式光伏发电在区域层面（如大都市地区）的应用进行分析。重点研究太阳能分布式发电的应用，有助于快速降低平衡系统的成本，并使整个系统更具成本有效性。在建筑上直接应用聚光式太阳能热发电技术领域，中国当属世界的佼佼者，这些经验可以有助于综合光伏发电的应用。区域性分析可以优化光伏发电，使其以最佳方式满足电力需求和有效利用现行电力输送设施。

九、建　　议

1）中美两国应共同合作，根据需要和要求来改变各自的输配电系统，以适应和整合大量可再生能源变化性输出的电力。

2）中美两国应共同开发大规模的物理方法的能源储存系统（大于50MW）。两国在抽水蓄能系统方面均具有经验，目前正在研究扩大抽水蓄能储能容量的方法，以创造更多的电力容量，这些研究将给风能和太阳能发电场带来直接利益。此外，中美两国应加强合作，共同在中国开发和示范压缩空气储能系统，因为中国目前在此方面没有产业化的经验。

3）中美两国应共享并分析变化性输出可再生能源（风能和太阳能）并网的经验，以便于两国和其他地方的操作人员更好地了解可再生能源的影响并探寻相关的处理措施。

第四章　可再生能源发电的环境影响

化石燃料作为中美主要的发电能源，为两国带来许多环境问题。2007 年，美国因发电排放了 24 亿 tCO_2，占美国国内能源温室气体（GHG）排放量的 40%。中国因发电排放了约 20 亿 tCO_2，约为中国国内能源温室气体排放量的 1/3。化石燃料的燃烧还会排放其他污染物，如 NO_x 和 SO_2。同时，电力生产也给水资源和土地资源带来压力。2000 年，美国的火电站消耗了国内近一半的用水量（USGS，2005），而中国消耗了约 40% 的工业用水。总而言之，减少发电对环境的影响是促使化石燃料发电向可再生能源发电转变的主要推动力。

开发太阳能、风能和地热能等可再生能源技术，是解决气候变化问题和某些环境问题的关键措施。然而，利用可再生能源并不能解决所有的环境问题。与化石能源相比，尽管可再生能源产生较少的温室气体和空气污染，但在生产和运输方面也会产生排放和污染。例如，光伏电池的制造会产生污染水源的有毒物质。可再生能源设施的安装也会影响土地利用和野生生物的生存环境。某些技术还会大量消耗水资源。

政治决策者必须了解各种能源对环境的影响，并制定完善的政策，包括比较化石燃料与可再生能源发电技术对环境的影响，以及探究提高能源效率的可能性。对鉴别和探寻如何减轻或消除因设计、制造方法、项目选址、公用事业操作和其他方面带来的影响，了解可再生能源发电技术潜在的环境影响至关重要。

能源资源对环境的影响评估通常从两个层面入手。首先在区域或国家层面评估具有广泛用途的某种设备以及其安装所产生的普遍影响，从而进行比较概括和规划。例如，生命周期评价（LCA）旨在综合评价某一能源项目从原料的获得到设备的老化再到报废处理全过程的影响。其次是在地方一级开展特殊地域的环境影响评估，如对野生生物和本地水资源供应的影响。

本章的第一部分将已公开发表的生命周期评价方法作为基础，在温室气体排放、能源、土地和水源需求方面来比较可再生能源和化石燃料发电技术。某些可再生能源发电技术的生命周期评价，具体可参见本报告之附录 B、C 和 D。本章的第二部分讨论了能源资源对地方一级的环境影响，以及中美两国在法规上的许可和监管要求，并举例说明了可再生能源发电项目引起的某些环境问题。随着可再生能源的推广和发展，地方一级的环境影响得到了越来越多的关注，特别是在计划进行大规模项目设施安装的地区。本章的最后一部分指明了中美的合作机遇，从而促进可再生能源发电技术的进步，使危害人类健康和环境的影响降到最低。

一、化石燃料和可再生能源发电

生命周期评价是一种用于评估产品或服务在其整个生命阶段中所消耗的资源、能量以及对环境影响的技术方法。评估分析可通过两种具体的全过程展开：①采用“自下而上”的分析法，从资源的开采、制造、运输、建设、操作到清理阶段逐步分析；②采用“自上而下”分析法，以国家层面的经济投入/产出模式为基础进行评估。总而言之，生命周期评价不仅有利于比较不同发电技术对环境的影响，还能鉴别可以改善的环节。

本部分将介绍由美国国家科学院委员会在《可再生能源发电：现状、前景和障碍》（NAS et al.，2010a）中发表的生命周期评价方法以及其成果展示。此评价方法从净能源生产、温室气体排放和传统空气污染物的排放、水资源利用和土地利用等方面对化石燃料与可再生能源发电技术进行了深入的比较。

值得注意的是，本报告没有根据基本假设条件的变化来调整生命周期评价报告的结果。当然，对可再生能源发电技术来说，评价结果在很大程度上取决于在拟定安装地区内的可再生能源资源的多寡及可变性。此外，技术的更新能促进发电效率的提高，同时也能采用更加清洁和高效的发电方法。评价结果会因地理位置的不同而改变。美国国家研究理事会（NRC）（NAS et al.，2010a）对欧洲和美国的生命周期评价进行了集中审核，提出中国应根据具体条件谨慎地推广欧美的生命周期评价结论。因此，本报告中的生命周期评价所提供的一系列评价结果已发表于文献中。

（一）能源的生命周期利用

生命周期评价报告通常包括净能比（NER），即在项目运行期间内，电网实际输出的能量与所消耗的化石能或核能当量的比例。对于可再生能源来说，其净能比应大于1，表示可再生能源发电的输出高于化石能当量的投入投资。化石燃料和核能发电技术的净能比小于 1，这实际上也说明了项目在生命周期内的效率。许多基本假设条件会极大地影响净能比数值，如发电站的容量和预期寿命。风能和太阳能发电的资源强度（可影响装机技术的容量系数）也是至关重要的假设条件。尤其对于晶体硅光伏太阳能技术来说，其净能比极大地取决于晶体硅板层间的厚度以及光伏组件的效用。

风能发电净能比一般最高，其次是生物质发电和太阳能光伏发电（图 4-1）。虽然从此单一研究的图表显示，水电的净能比并不像预期的那么高，但水电也能实现高净能比，根据定义，化石燃料的净能比均小于 1。其中煤、天然气和核能的平均估算值分别为 0. 3、0. 4 和 0. 3。在中国新疆维吾尔自治区哈密市有一容量为 300 MW 的太阳能发电塔，其生命周期评价可参见附录 B。据估算，该发电塔的净能率为 12. 4（在此例中称为能量平衡因子）。附录 C 显示了中国三种生物质燃烧发电技术的净能比估算值。三种技术分别是直接燃烧、气化，以及生物质—煤混合燃烧。三种技术的生命周期评价结果显示净能比的范围从直接燃烧的 1. 3 到生物质—煤混合燃烧的 4. 6，其中包括种植生物质所需的能源消耗。这些情况中所使用的大部分化石能源与能源作物的种植有关，因此废弃生物质的净能比相对较高。

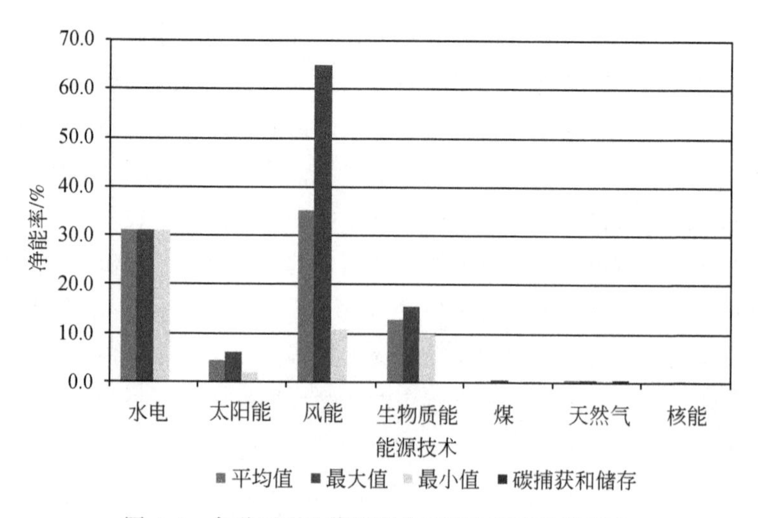

图 4-1　各种可再生能源和非可再生能源的净能比

资料来源：NAS et al. , 2010a；Denholm and Kulcinski, 2003；Meier, 2002；Pacca et al. , 2007；Spath and Mann, 2000；Spitzley and Keoleian, 2005

（二）温室气体排放

2007 年，政府间气候变化专门委员会作出结论，“气候系统变暖的确在发生……”，“20 世纪中期以来的全球平均气温上升，很可能源自人类活动所导致的温室气体浓度上升”。根据这些结论以及其他与气候变化相关的关键性问题，中美两国正采取有效措施来减少 CO_2 和其他温室气体的排放，并考虑采取进一步措施，如颁布新的法规。

在美国，燃料直接利用领域中，发电行业的 CO_2 排放量最大，2007 年超过了 23 亿 t，占所有与能源相关的 CO_2 排放量的 40%。在中国，发电领域 2007 年的 CO_2 排放量大约为 31 亿 t，约占全国 CO_2 排放量的一半。

与化石燃料燃烧发电相比，可再生能源发电技术的主要优势在于排放相对较少的 CO_2 和其他温室气体。此外，如图 4-2 所示，与传统的煤或天然气发电站相比，所有形式的可再生能源发电在其生命周期内的温室气体排放量（以 CO_2 当量表示，CO_2e）均相对较低。作为图 4-2 的补充，附录 B 是塔式太阳能发电的生命周期评价，评价得出其温室气体的排放量约为 32g CO_2e/kW · h。

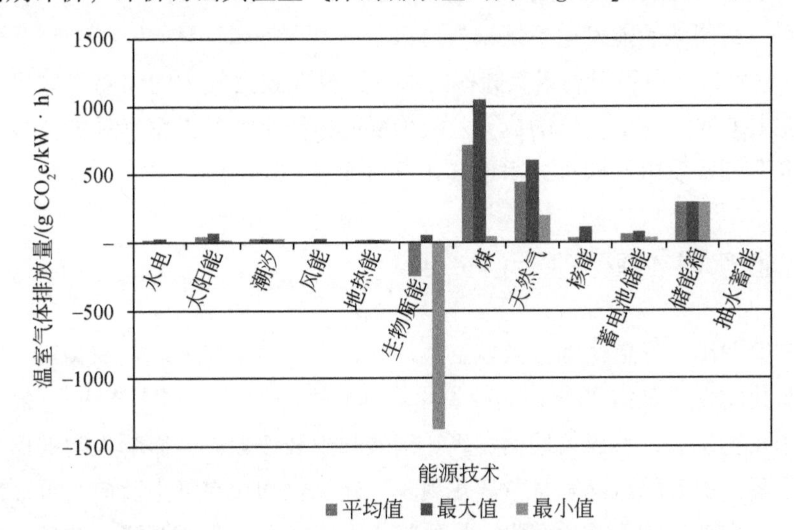

图 4-2　各种发电能源生命周期内的温室气体排放量

资料来源：NAS et al. , 2010a；Berry et al. , 1998；Chataignere et al. , 2003；Denholm, 2004；Denholm and Kulcinski, 2003；European Commission, 1997；Frank et al. , 2004；Fthenakis and Kim, 2007；Hondo, 2005；Mann and Spath, 1997；Meier, 2002；Odeh and Cockerill, 2008；Spath et al. , 1999；Spath and Mann, 2000；2004；Spitzley and Keoleian, 2005；Storm van Leeuwen and Smith, 2008；Vattenfall AB, 2004；White, 1998；2006

如果化石燃料发电站引入碳捕获和封存技术，或者将储能系统（如蓄电池储能、压缩空气储能或抽水蓄能）作为可再生能源系统的一部分，那么可再生能源将失去优势（Denholm and Kulcinski，2003）。我们目前仍有很多机会可以提高能源节约效率，同时降低某些可再生能源技术在生产和运输环节对化石燃料的需求，特别是光伏技术。

某些情况下很难估算某些可再生能源发电所排放的温室气体。例如，不同生物质发电排放的温室气体各不相同，这取决于使用的原料和假设的产物。大部分农作物原料产生的生物质能源的温室气体排放值处于 15 ~ 52 g CO_2e/kW · h，不包括初始转换土地利用而产生的排放。图 4-2 显示温室气体为负值，表示假设以利用可分解出 CO_2 和沼气的垃圾残余物为生物质能源为原料，生物质发电可视为碳汇（Spath and Mann，2004）。如果在生物质发电系统中添加碳捕获和储能技术，也可极大地降低温室气体的排放。

同样的，水电温室气体排放量的估算取决于考虑哪些因素，并列入生命周期评价方法中。虽然在图 4-2 中没有体现，但某些研究显示，当某水电站蓄水库充满时，生物质的第一次水浸可能释放出大量的 CO_2 和沼气（如 Gagnon et al.，1997）。这些气体的排放量取决于生物质的密度和水库的大小。

最后，封闭地热能发电系统排放出很少的温室气体（Hondo，2005），如图 4-2 所示。然而，当利用闪蒸蒸汽储存技术时，散逸到大气中的温室气体可能相当高，这主要取决于储层气体的成分。最糟糕的情形是：其温室气体的排放量接近天然气联合循环发电站的排放水平（NAS et al.，2010a）。

（三）地方和区域性空气污染

在中美两国，发电是地方区域空气污染物排放的主要来源。在美国，发电带来的氮氧化物排放量占 22%；而硫氧化物排放量占 71%（EPA Web）。氮氧化物在空气中发生反应，形成的地面臭氧、硝酸和硝酸铵颗粒会影响人类的健康，导致视力下降，引起酸沉降和富营养化现象。硫氧化物在空气中反应，可形成硫酸和硫酸铵，也会影响人类的健康，导致视力下降，并引起酸沉降。此外，美国燃煤发电站导致的直接汞排放占国内汞排放总量的 40%；据估计，中国燃煤发电站的直接汞排放也将占支配地位。

与传统的燃煤和天然气发电站相比，大多数可再生能源发电在其生命周期内排出的传统空气污染物相对较少。例如，根据塔式太阳能发电的生命周期评价

（附录 B），氮氧化物和 SO_2 的排放量分别为 15 mg/kW・h 和 43 mg/kW・h。而生物质发电是一个例外，因为其发电形式可产生大量的氮氧化物、颗粒物质和有害空气污染物，如多环芳香碳氢化合物（PAHs）。虽然与化石燃料相比，生物质能源的含氮量较少，但生物质在空气中高温燃烧会与空气中的氮气发生氧化作用，从而形成大量的氮氧化物。虽然地热发电站直接排放的氮氧化物和硫氧化物很少，但是闪蒸和干蒸地热设施会在地热能储层排放出大量的硫化氢（H_2S），除非采取相关措施来减少硫化氢的排放（DiPippo，2008）。

其他可再生能源发电在其全寿命内的传统空气污染物排放主要来自生产或施工阶段。根据下面对光伏技术的讨论，生产阶段的空气污染物排放取决于该阶段的能源利用率和生产地的污染控制程度。

（四）土地和水资源利用

1. 土地利用

中美两国的许多地区的土地资源是有限的。因此，发电所需的新型设备和原料所占用的地面空间是必须考虑的问题。此外，土地面积的利用还代表着因新电力的开发带来的其他影响，包括对生态系统、文化和历史资源、景观和农业用地的影响。

在生命周期内，发电对土地利用产生的影响如果仅根据其覆盖表面积来测量，那么某些可再生能源发电技术似乎需要使用大量的土地资源（图 4-3）。然而，这个方法并没有考虑土地使用强度，或考虑除了相关发电外，是否允许土地可同时用作其他用途。燃煤发电站需完全占用其施工面积，而小规模光伏发电系统可安装在屋顶，几乎不会给主要的商业或居住用地带来任何干扰，影响也极小。因此，小规模太阳能以及分散式太阳能技术对土地资源的影响和带来的土地损失小于大规模和中心管理发电站。同时，在已开发的土地上推广可再生能源发电系统，可有效解决土地利用问题。

假设采用能源作物作为原料，生物质能发电对土地资源的高需求可参考图4-3；如果采用生物质废弃物作为原料，这种发电方式对土地利用的影响相对较小。在中国，用于生物质发电的主要原料是农业残留料（如稻草秆、甘蔗渣和米糠）、林业废料（如木片、锯屑和树皮），以及城市固体废物。能源作物占的比例很小。

据估算，中国的废弃物资源潜力约为 3.7 亿 tce，相当于中国 2007 年度能源

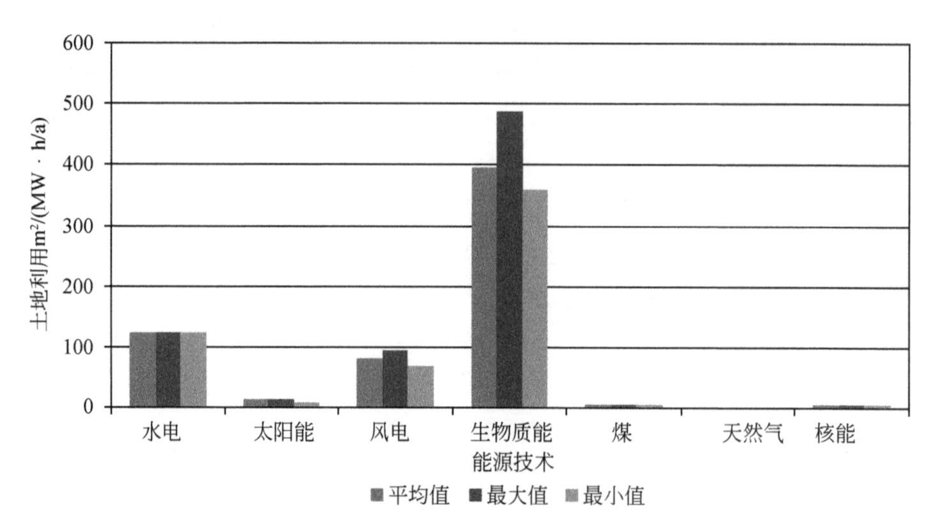

图 4-3 各种可再生能源和非可再生能源发电技术的生命周期评价

资料来源：NAS et al.，2010a；Spitzley and Keoleian，2005

消耗总量的 14%。对于采用农作物废料作为原料的生物质能源来说，不会影响土地资源和土地利用。如果不用于生物质发电，某些废料（如城市固体废物）如果处理不当，不仅占用土地，还会损害环境。

在水电方面，图 4-3 显示了格伦峡谷水坝和鲍威尔湖水电站所占用的土地面积，其中土地都用于发电站水库的建设（Spitzley and Keoleian，2005）。与此相比，小规模水电和径流式发电装置对土地使用的需求是最少的。对集中式发电设施来说，输电和配电线路设备的土地使用要求非常重要，但图 4-3 无相关显示。

2. 水资源利用

中美两国的大部分地区均缺乏水资源。据近期全球大气环流模型预测，假如气候变化如当前所预测的那样，按照“一切照旧”的方向发展，美国某些地区将缺乏淡水供应（Milly et al.，2005）。中国人均可用水量为 2200 m³，仅为世界人均用水量的四分之一。由于水资源的空间分布不均衡，中国的供水问题日趋严重。

温差发电技术需要大量的水资源来用于冷却。在美国，42.7% 的现有温差发电使用一次性冷却技术；41.9% 使用循环湿塔；14.5% 使用循环冷却池；而 0.9% 使用干燥冷却技术（Feeley et al.，2008）。发电站水资源的使用体现为水资源的汲取（从某一水源汲取的水量）和消耗（没有返还至水源的水量）。尽管人们有时对水资源消耗的重视超过了对水资源可汲取量的关注，但是水资源的汲取仍然非常重要，主要因为电厂使用的水资源可能与其他用水需求构成竞争（Gleick, 1994）。此外，循环使用的回水是热污染的主要源头，其中可能包含化学污染物，如氯或冷却塔中使用的其他杀菌剂。

据美国地质调查局的估算，2000 年美国用来进行温差发电的水量约为 2 800 亿 m^3，几乎占到美国总取水量的一半（USGS, 2005）。然而，美国温差发电设施的水消耗量却相当少。1995 年，美国温差发电设施的水消耗量约为 40 亿 m^3（2000 年的估算尚未可用），相当于非灌溉耗水量的 15% 以上（Feeley et al.，2008）。中国温差发电站的耗水量也十分巨大。2006 年，中国汲取的水量为 490 亿 m^3，共占工业用水总量的 37%，而温差发电站的耗水量约为 70 亿 m^3。

地热能发电站的耗水量取决于发电技术、地热资源和冷却系统。图 4-4 反映了美国加州间歇泉地热资源地区的水资源需求量为 2000 gal/MW · h。在这个地区，干蒸系统从地热能基地汲取 2000 gal/MW · h 的水量，其中 70% 消耗在蒸发塔上（DOE, 2006）。用来填充水库的水资源来自于附近地热能基地的二级处理废水（DiPippo, 2008）。如果以液体为主的并联式地热能系统采用湿式冷却塔，其耗水量则相当高；如果采用混合或空气冷却系统，耗水量则相对低很多。

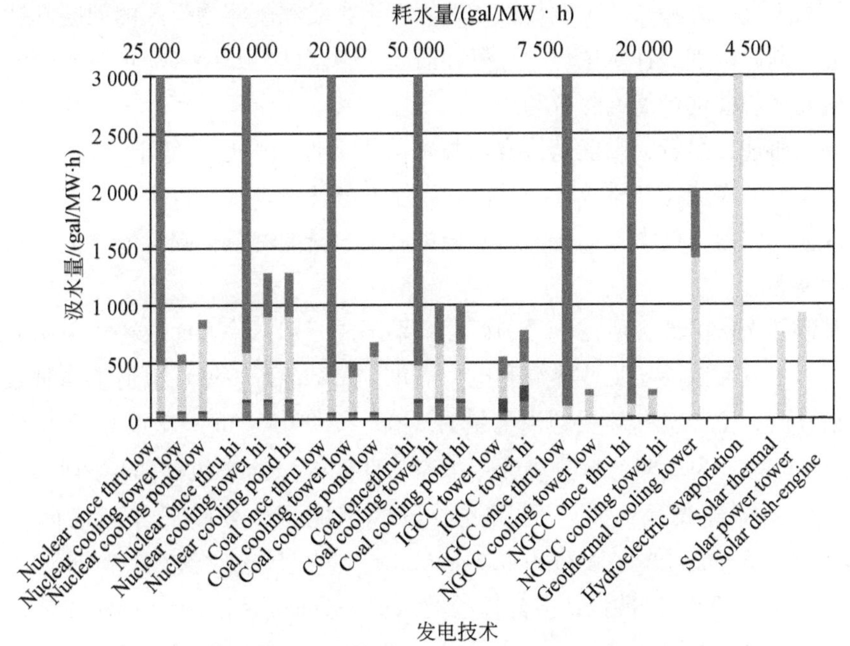

图 4-4 各种发电技术的汲水量和耗水量的估算值

资料来源：NAS et al.，2010a；DOE，2006

风能和太阳能光伏发电技术消耗少量的水资源。太阳能光热发电站对水资源的需求也取决于冷却系统。图 4-4 的数值反映了：①莫哈韦沙漠 350MW 抛物槽系统的运转情形，这个系统应用蒸发冷却方式，其耗水量为 800 gal/MW · h；②对塔式太阳能发电太阳能发电塔耗水量的比较性估算；③对应用风冷式并联碟式系统的少许耗水量的估算。

如果因发电造成电站水库水量的蒸发，那么大型水电站每输出 1 MW · h 电量的耗水将超过其他发电技术的耗水量（Gleick，1994）。然而，水电站的水库还有其他用途，如储存灌溉用水。因此，发电不是导致水量蒸发的唯一因素。

（五）太阳能光伏发电技术的生命周期评价

虽然薄膜碲化镉和无定形硅技术在国际市场中占有优势地位，但目前生产的大部分光伏电池板由单晶硅或多晶硅制成。如附件 D 所示，虽然中国用于太阳能电池的高纯度多晶硅制造行业发展迅速，但是某些设施需要消耗大量能源，并带来严重的污染问题。为使这些影响减到最小，中国和其他地区的多晶硅制造商必须采用最先进的方法来减少能耗，并解决有害物质和废弃物引起的问题。针对这些环境问题，特别是针对尾气的分离和回收，中国已经开展了一项重要的研究项目来研究多晶硅副产品的综合利用。

如上所述，尽管太阳能光伏发电技术的周期性影响远远低于化石燃料发电，但光伏发电的净能比和排放影响并没有风能发电技术可观。这主要是因为生产光伏电池板不但需消耗大量的能源，还会排放出大量的二氧化碳、氮氧化物和其他空气污染物。

制造硅光伏电池板所需电量的评估结果千差万别，一方面取决于采用的制造技术，另一方面取决于工业热源和电力需求。Alsema（2000）报道了当时最新发表的估算值，生产多晶硅板的用电量为 2400 ~ 7600 MJ/m^2；单晶硅板为 5300 ~ 16 500 MJ/m^2。为说明各个阶段的用电量，图 4-5 以冶金级硅的生产作为开端，显示了多晶体硅光伏组件不同制造阶段的用能量，某些部分已根据 Alsema（2000）与 Alsema 和 de Wild-Scholten（2006）的假设进行改编。Alsema 和 de Wild-Scholten（2006）假设，多晶体硅的制造一方面采用原始西门子工艺，另一方面采用改良的西门子工艺。在整个过程中，平均用电量为 110 kW · h/kg（硅），并假设每平方米光伏电池板使用 1.67 kg 的硅。Alsema 和 de Wild-Scholten 假设制造多晶硅所需的电量来自水电和天然气联合循环发电，同时也假设所有生产阶段的用电量来自于平均能源转换效率为31%的燃煤发电，并在此基础上得到修正后的结果。能源需求的综合平均估算值处于Alsema（2000）引用值的区间内。结果显示出在硅净化阶段使用电力的重要性。

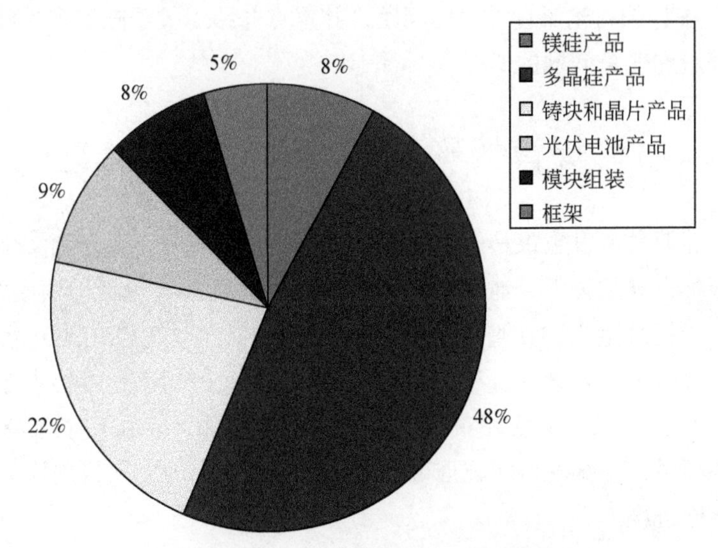

图4-5 多晶硅光伏模块制造中使用的能源类型

资料来源：Alsema，2000；Alsema and de Wild-Scholten，2006

如果采用低效的硅净化技术，或使用来自低效发电站的电量，或在晶圆生产阶段浪费多晶硅，总电量则很可能将超过上述显示的数值。同样的道理，通过改进工艺，可以降低某些设备的化石能耗，包括在硅烷分解阶段采用流化床反应器，或采用可再生能源和高效率发电能源。

为了使西门子的改良工艺所产生的废物减到最少，必须回收利用因三氯硅烷分解而产生的毒性副产品四氯化硅（$SiCl_4$）。每吨多晶硅可产生若干吨四氯化硅，如果四氯化硅没有被回收并作为副产品出售，或在多晶硅生产过程中没有循环使用，大量的硅原料将被浪费掉。然而，因为尾气的成分非常复杂，所以难以对其进行分离和回收处理。据最近的新闻报道，中国个别多晶硅制造商没有对这一关键性步骤进行四氯化硅再利用（Cha，2008）。

以硅为基础的光伏电池板生产同样需要循环利用其他有害物质或将其制成副产品。必须适当地监管、处理和清理这些有害物质，将工人、大众和环境的风险降到最低。除了四氯化硅外，有害物质还包括：①硅烷，一种高度易燃物质，是多晶硅生产的中间产物；②氢氟酸；③其他用于清洁硅晶片，纹饰和蚀刻的毒性气体和酸性物。制造过程还产生大量酸性和碱性废水，因此废水处理和酸的循环利用也至关重要。

废水中的氟化物会带来一些特殊问题。饮用水中如果含有过量的氟化物，可能会引发各种疾病。因此，含有氟化物的废水处理和排放必须实施严格的监管标准。附件D中详细讨论了这方面的问题，并重点介绍了关于减少多晶硅生产引起的环境、健康和安全问题的研究。

二、项目规模的影响和可再生能源管理规则

可再生能源发电设施跟其他电力设备一样，会对环境、社会和文化产生深远的影响。根据设施的技术、地点和规模的不同，上述影响包括土壤侵蚀或退化，砍伐森林，干扰野生生物或造成野生生物数量减少，空气和（或）水污染，噪声污染，以及破坏风景景观。与其他同规模的工业发展相比，可再生能源技术通常（但不总是）带来类似或相对缓和的影响。尽管如此，在环境敏感区域开展可再生能源项目，很难获得实施许可证，成本也更高。因此项目规模会影响到整个项目的实施进度。

（一）对生态、美观和文化的影响评估

1. 文化影响

在可再生能源发电技术中，大规模水电项目会带来历史性的严重后果，其中包括淹没风景秀丽的山谷区或城镇地区。例如，1957年，当达力斯水坝在哥伦比亚河上建成时，新建的水库淹没了塞洛瀑布和塞洛村。据考古学家的估计，塞洛村有数千年的历史，是某一氏族部落的渔区和文化中心（Oregon Historical Quarterly, 2007）。与哥伦比亚河上的其他水坝一样，达力斯水坝有多种功能，包括改善航运、灌溉、防洪，可发电将近1800 MW。虽然达力斯水坝具有广泛的益处，但它让扎根在这个地区的美国本地居民付出了沉重的代价（Wilkinson, 2007）。

自从达力斯水坝建成后，美国颁布了一系列法律保护自然和文化资源免受发展带来的压力。包括1964年的《荒野保护法》（禁止在某些地区开展损害荒野特性的活动）；1968年的《野生和河流风景保护法》（禁止在受保护的河流流域内建造水坝和相关水电项目）；1969年的《国家环境政策》（NEPA）（在联邦政

府实施项目之前，完成环境评估并广泛征求大众的意见）。自 20 世纪 70 年代以来，这些保护性法律减缓了美国大型水库的建造速度，转而倾向于建设规模较小的水电站。随着美国公用事业风能和太阳能发电项目的逐步发展，投资商不仅要注重项目设计和选址，还应将电站运转的环境和社会成本降到最低。

另一个具有争议性的例子是关于夏威夷某个可再生能源发电项目的选址，选址位于具有自然、文化或宗教价值的地区。2007 年，夏威夷人经过 20 多年的努力，通过恢复公众权利和阻止在当地进行地热发电站的开发，终于使岛上 2.6 万英亩的低地雨林得到保护（OHA，2007）。在 20 世纪 90 年代，特鲁地热能公司（True Geothermal Energy Co.）获得了在 Wao Kele O Puna 雨林内建造 100MW 的地热能发电站的许可证。当时，Wao Kele O Puna 雨林已为私人所有。由于这片雨林是夏威夷居民用来打猎和开展传统宗教活动的地方，当地人反对发电站的建造。一些当地人还反对地热能的开采，因为他们敬拜夏威夷宗教中的火山女神贝利。1994 年，Wao Kele O Puna 地热能项目被迫放弃。

随后，贝利保护基金与公共土地基金会以保护这片雨林为目的，购买了雨林的所有权。目前，在夏威夷的唯一一座地热发电站是 30MW 的帕纳地热发电站。夏威夷电力公司计划扩大地热能和其他可再生能源在夏威夷州的开发，但他们已认识到应在“公开和尊重”的基础上处理文化和环境问题的必要性。

2. 生态影响

在水电对环境的影响已有案可稽的情况下，风力发电对野生生物的影响已成为一个急需解决的特殊问题。风电机组会使许多撞上的鸟类和蝙蝠致死，具体数量一方面取决于风电机组技术，但更多地取决于风电机组的选址。2003 年，美国的风电机组导致约 2 万～4 万只鸟类死亡（NRC，2007）。全国范围内死亡的鸟类不计其数，主要因冲撞建筑、高压电线和机动车致死。虽然因冲撞风电机组而死亡的鸟类数量相对较少，但对某种鸟类的数量影响十分严重。例如，20 世纪 80 年代，加利福尼亚州阿尔塔蒙特帕斯风电场致死猛禽引起了公众极大关注。

风电机组引起蝙蝠死亡的有效数据相对有限，但是已知一些风电机组设备导致蝙蝠死亡率高达 40，即每年每发 1MW 电就杀死 40 只蝙蝠（NRC，2007）。蝙蝠死亡率的重要性难以评估，部分原因是由于缺乏蝙蝠物种丰富度的基本数据。然而，生态学家发出警告，随着美国风能发电进程加快，其对蝙蝠的影响将成为一个重要问题（Kunz et al.，2007）。

在过去10年内，美国的风能行业更注重项目选址和改善设备，来降低动物死亡率。美国鱼类和野生动物服务局（FWS，2003）不仅颁布了一些临时性的指导文件，使风能项目对野生生物的影响降到最低，还不断地修订和更新指导性文件的内容。

以上提到的野生生物问题在实体法案中得到了体现，这些法案可越过强制的程序要求（如《国家环境政策法》），有效地削减或阻止某些地区的风能开发。1973年的《濒危物种法》（ESA）就是一个很好的例子。该法律要求联邦机构需对项目进行"授权、资助或可直接开展……项目行动均不得危害任何濒危物种或受威胁物种的生存，也不得破坏或对（处于临界状态的）物种栖息地和生存环境带来不利影响……"《濒危物种法》进一步禁止任何人对濒危物种、指定的受威胁物种或鱼类或野生生物采取任何措施。此处的"采取措施"被广泛定义为"袭扰、伤害、追赶、狩猎、射击、击伤、杀死……"在启动联邦行动项目之前，《濒危物种法》要求就项目与美国鱼类和野生动物服务局进行咨询。即使是在私人土地上进行项目开发，法案也建议进行上述咨询以避免对野生生物等造成意外的伤害。如有发生意外伤害的可能，项目开发商需获得"意外举措许可证"后才可继续进行项目开发。该许可证意味着项目需执行栖息地保护计划和适当的措施来减缓危害。

3. 美观影响

在开展新的可再生能源发电项目地区，也许不会有具体的规定来解决景观美观问题，但景观美观问题也非常重要。据美国国家研究理事会（NRC，2007）风能对环境影响的研究表明，在许多国家和文化地区，人们十分依赖其生存环境，这个因素影响着人们对新开发项目的态度。例如，风力发电场通常被安置在山脊或其他可以高密度安装风电机组的地方，但这些位置能清楚地看到风电机组。此外，与其他可再生能源发电设施相同，风电场通常建在没有工业开发过的地区。美国国家研究理事会（NRC，2007）在研究中建议开展视觉影响评估来确定某个风能项目是否损害有价值的审美资源。同时提出告诫，表示公众意见是决定项目能够被接受的关键因素。同样的评估也适用于输电线路的铺设，因此视觉影响评估是影响大规模可再生能源项目公众（包括输电线路的建设）接受程度的重要因素。

（二）影响评估

1. 美国的评估步骤

根据美国《国家环境政策法》（以及类似的州级法律），联邦（或州级）机构必须提前评估项目的环境影响。包括从可再生能源发电项目的贷款担保到准予通行权，或项目建造及建造输电线路所需的联邦土地及跨联邦土地的租赁授权都包含在《国家环境政策法》的评估范围内。美国《国家环境政策法》的目的是确保开发机构完全考虑潜在的环境影响，并允许项目涉及的相关方（包括公众）在最后决策之前提供意见和建议。

项目评估程序首先需要提供一份简短的《环境评估》，其目的是确定该项目行动是否会带来严重的环境影响。如果确定该项目会给环境带来严重影响，那么相关机构必须制定一份完整的《环境影响声明》；如果该机构预计无环境影响或影响极小，则可签发《无显著性影响报告》。大部分项目只需凭借一份《环境评估》可继续开展。一般评估只要就减缓措施方面取得一致而无需全面的《环境影响声明》。然而，大型项目通常要提供全面评估。

近年来，土地管理局作为美国内政部的下属机构，与美国能源部展开合作，共同制定区域范围的风能开发《环境影响声明》（BLM，2005）。同时也与美国农业部林务局共同负责评估西部地区的地热能开发对环境造成的影响（BLM，2008）。目前，美国土地管理局和美国能源部正为公用事业规模的太阳能发电项目共同制定《环境影响声明》方案（DOE，2009）。美国土地管理局监管着2.6亿英亩[①]的公用土地，几乎覆盖整个西部地区，是美国土地总面积的一半，其中多数土地含有丰富的可再生能源。因此，土地管理局的相关评估极其重要。

每份项目方案评估均发表了概括性方针，旨在促进可再生能源开发项目在联邦地区的顺利进行。《环境影响声明》大规模地审查环境、社会和经济影响，其目的是：①评估资源潜力；②确定那些绝对不能租用的土地；③制定减缓影响的最佳措施；④制定指导性文件，可在随后进行的项目级建议审查程序中便于公众的参与以及咨询相关机构。

例如，风能项目方案的《环境影响声明》指出了风能开发会对土壤、水资

---

① 1英亩=0.004 047 km^2

源及水质、空气质量、噪声、植被、野生生物、古生物资源，以及文化资源（包括风水、历史遗迹和风景区）有潜在影响（BLM，2005）。项目对土壤、水和空气质量的影响一般发生在施工期间；而噪声影响和对野生生物以及风景区的影响将伴随着整个项目的进行而产生。项目方案评估有助于简化某一项目日后的评估程序。但是，由于每个地区的项目对自然和文化的影响各不相同，因此项目方案评估不能取代逐一项目的具体评估。

2. 中国的评估步骤

中国1979年颁布的《环境影响评价法》强制要求开发商在项目施工之前完成环境评估。否则，应在施工后期完成。如开发商没有提供任何环境评估，环境保护部可对开发商进行约2.5万美元的罚款。近年来，建造垃圾焚烧发电厂引发了大量的环境纠纷。例如，北京六里屯垃圾焚烧发电厂的建造遭到了附近居民的抗议，在当时造成严重的社会影响。自此之后，中国引入公众参与机制，对具有争议性的环境敏感项目，当地政府应负责向公众提出合理解释，必要时举行公开听证会。

（三）环境规划和许可概况

1. 美国的规划和许可

与其他领域一样，美国的电力部门（发电、输电以及配电部门）受到一系列土地使用法规和环境法规的管制，包括开发和构建新设施、设备操作、设施报废和场地修复。项目开发商不仅要格外留意本地、部落、州和联邦法规，还必须与多个机构打交道，并处理繁多的审批程序。不同的项目开发商可能参与了发电设备制造以及输电/配电设施的制造和建设过程。由于项目所涉及的缔约方数目过多，在审批的步骤和时间表方面可能会使项目规划和审批的复杂性成倍增加。某些指定的地区（包括私有土地）可能会受到保护或禁止开发，包括历史古迹、农田、荒野和无路区。项目开发需采取联邦或州级措施，美国《国家环境政策法》或并行的州级法律作为项目策划的一部分，要求对环境进行审核。

美国《国家环境政策法》适用于联邦政府管理下的公用土地及离岸区域中的所有发电设施或传输线路。美国联邦政府管辖的公用土地约占总土地面积的30%，主要分布在西部地区，在那里，风能、太阳能、地热能和水能资源丰富。

美国风能协会在其编制的指导性文件中概括了风能项目开发管理的主要环境影响类型和相应的规章制度（AWEA，2008）。在私人土地上开发项目面临一系列土地使用评审和许可要求（本地、部落、州级和联邦级别），旨在确保开发商鉴别和减缓潜在的环境影响。

州、部落或地方政府有权为私人土地的项目选址和土地利用制定法规，因此，法规因地区的差异而不同。在某些州，公共事业或州能源选址董事会有权力评审和批准新的发电设施，州级环境质量和野生生物保护机构可执行环境评审。在某些州，或对于某些相对较小的项目，可由市级或县级机构决定项目选址。不管是否需要州级机构的批准，私人土地上的大部分项目均要求地方性评审，以符合区域规则和相关条例来限制高度、边界距离和噪声。

可再生能源发电项目会将污染物排放到空气或水中，或将热污染排放到地表水体中。这些项目也应遵守州和联邦法规。在美国，管理空气和水污染的法律主要是《清洁空气法》和《清洁水法》。两部法律均包括直接的联邦法规和规划，并由联邦政府强制执行，但由各个州或部落进行管理。某些生物质燃烧和地热能发电设施在运转过程中会引起空气污染，因此必须符合《清洁空气法》中与空气污染相关的规定。其他可再生能源项目如果涉及土地开垦或新道路建设，应处理车辆或施工设备的排放物和扬尘问题。生物质能、地热能和太阳能热发电站会排放冷却废水到湖或河流中，这些发电项目应受到与热污染和污染物排放相关法规的管辖。如果可再生能源项目在开采和生产阶段使用水资源，那么这些项目应获取排放许可证（包括卫生和降尘许可）。

2. 中国的规划和许可

中国政府正面临着多重压力，如发展经济、扩大就业、减少温室气体排放。为实现能源节约、环境保护和可持续发展，中国政府制定并执行了相关政策和法规（具体政策参见第五章）。然而，为避免及减轻可再生能源项目对环境、文化、生态和自然风景的影响，项目开发必须遵守国家的其他法律法规。

特别要指出的是，强制入网的可再生能源发电项目必须获取行政许可，并根据中国国务院的相关法律规定来提交信息资料。中国西部是华夏文明的摇篮，历史上创造了丰富而有价值的文化遗产。这个地区的历史古文物证明了中华各民族曾经在此共同生活与发展。为保护这片地区的文物，中国国务院办公厅于2000年8月31日颁布了《国务院办公厅关于西部大开发中加强文物保护和管理工作的通知》（国办发〔2000〕60号）。

随着《可再生能源法》的实施，中国又颁布了其他一些环境法规，特别是生物质能发电引起的环境影响。2006 年，中国环境保护部与国家发展和改革委员会共同颁布了一份官方文件，旨在加强生物质能发电项目的环境评估和管理。根据新的规定，垃圾焚化炉的建造和运行必须符合国家或工业标准（如《GB13271 - 2001 固体废物焚烧污染控制标准》），且处理后废物的数量和质量必须得到保证。目前，合格的生物质发电项目，当使用流化床焚烧炉处理固体废物时，推进熔炉的传统燃料的比例不得超过 20%。此外，控制污染物排放的现行法律还有《火电厂大气污染物排放标准》（GB13223 - 2003）和《锅炉大气污染物排放标准》（GB13271 - 2001）。

随着中国公众环境和生态意识的提高，某些可能对环境造成污染的项目会引起公众的反对。

虽然中国中央政府颁布的法律法规被认为是需要遵守的主要准则并具有支配地位，但由于中国领土辽阔，地域性差异大，某一地方性项目的实施可能与中央的指导性文件大相径庭。某些地方政府正面临着经济发展的压力、缺少现代化技术和资金。虽然状况正在逐渐改善，但这些因素会导致地方政府在执行法律法规时不够严格。从发达国家学到的先进经验和不断增加的资本投资将进一步提高执行标准。

三、结　　论

与化石燃料相比，可再生能源（如太阳能、风能和地热能）可为环境带来可持续性效益，特别是在温室气减排方面。从生命周期角度考虑，所有形式的可再生能源生产单位电量所产生的温室气体排放量应大大低于传统燃煤和天然气发电站的温室气体排放量。除了生物质燃烧排放出的氮氧化物和含碳物质外，在生命周期内，可再生能源发电产生的传统空气污染物的排放率应大大低于燃煤和天然气发电站的排放率。

与化石燃料相比，虽然可再生能源具有很大的优点，但也会产生一些环境问题。目前许多成熟的可再生能源技术可加快发展进程，但是仍需继续进行研发来减少环境影响。风能、太阳能、光伏及某些地热能发电站的用水要求很低，但是生物质能、聚光式太阳能热发电和其他地热发电站的用水要求较高，堪比热电设施的用水要求。中美两国可通过进一步降低用水冷却系统的成本并提高其效率而得益，从而可扩大低用水冷却系统的应用规模。此外，由于蒸发作用，大型水电站的耗水量和相关水库的其他耗水量也相当高。

生命周期评价作为一种有价值的评估方法，可广泛比较各种发电技术对环境的影响，并能确定哪些项目的改善最可能得到回报。生命周期评价显示，提高系统效率和运行寿命将有利于减少所有可再生能源技术产生的环境影响。生命周期内，可再生能源周期性温室气体排放所产生的效益相当可观，但在某一些领域仍可以继续改善。特别是在新兴储能方式上继续进行研发，例如蓄电池和压缩空气储能，从而减少其生命周期内的温室气体排放量和生产光伏产品消耗的电量。同时，一种投入比硅晶平板式光伏发电技术更多，并拥有更多不同生产程序的薄膜技术，其生命周期影响需要投入更多的研究。

土地利用是某些可再生能源技术面临的重要问题。特别是当我们计划在未来扩大可再生能源规模时，土地利用越发显得重要。必须开展相关研究，了解可再生能源发电装置对不同地区的植物和野生生物的影响，从而开发出有效的方法来减缓这些影响。减少土地利用对环境的影响可通过以下措施，包括：①使用已开发的地点；②与有其他用途的土地共用土地资源；③使用军事和政府用地；④鼓励应用分布式发电技术，将输电线占用的土地面积减到最小。在敏感生态系统或拥有高度文化或风景价值的地区，禁止可再生能源发电。为鉴别这些地区是否是敏感生态系统或高度文化或风景价值区域，公众的参与和意见十分重要。目前，仍需要开展进一步的研究，了解大规模可再生能源发电装置（如达到 10 MW 的光伏发电以及达到 100 MW 的风能发电）对气象和气候产生的影响。

显然，在中美两国，大规模可再生能源发电项目的安置将需要新的输电基础设施，这也意味着环境影响的产生。新输电设施的选址以及建设与发电厂的建设有类似的审查程序，即影响评估、运营牌照以及许可证发放。项目开发商可能需要预先规划，并与监管机构、环境团体和民间社会团体以及输电公用事业机构共同明确减缓输电工程带来的影响。一系列措施可包括：明确公用传输区域被多个项目共同使用，解决因新建变电站带来的网络互联以及电力输送的需求，为输电项目提供地方支持，部署更多的新能源技术。

中美两国都需要减少因生物质焚烧产生的空气污染物的排放。如本章的“生命周期评价”一节所示，在生物质发电中，大部分能源消耗和污染排放发生在能源作物的种植阶段。无论是中国还是美国，两国目前的重点是利用废弃生物质，并应继续这样做。即使使用的是废弃生物质，污染物也会在发电站运作时排出。生物质焚烧排放出的污染物包括多环芳烃、氮气和硫氧化合物。城市固体废物的焚烧可能产生二噁英，同时必须捕集重金属污染物以免其排放到大气中。

与煤相比，生物质的氮含量较低，但发热量也较低（生物质的发热量为15～21 MJ/kg，而煤为23～35 MJ/kg）。因此，为了生产等值的热量，某些生物质燃料排放的氮氧化物比煤多。由于生物质中氮的存在形式与煤不一样，所以难以理解生物质中的氮是如何形成氮氧化物的。因此，研究需要继续进行，使生物质发电过程中产生的污染物质降到最少。

最后，我们意识到可再生能源发电设施和技术的寿命有限，在未来十年内，两国应更加关注这些设施和技术的撤离、回收、报废和场地修复。

四、建　议

1）中美两国的科学家和工程师应共同合作，解决废物处理和成分回收所面临的主要技术难题。合作的领域包括：减少或重复使用四氯化硅以及其他有毒多晶硅副产品，循环使用光伏电池板和风电机组涡轮叶片。

2）对生物质能发电来说，应优先减少生物质焚烧所排放的污染物，以及使用可行的废物资源（而不是专门的能源作物），包括城市固体废物和农业残余物。

第五章　中美两国的可再生能源政策、市场和推广

政策在减少私营部门面临的风险、撬动投资、增加研发投入、促进可再生能源技术扩散中起着重要的作用。技术问题是可再生能源市场化的一个主要障碍，除此以外，由于可再生能源项目的实施要求对基础设施进行大规模投资，而这对于私营部门而言，风险太大，除非他们得到足够的资金资助，并享有始终如一的鼓励性政策，否则可再生能源项目的市场推广存在困难。鼓励性政策可以采取这样的形式：在厂商通过规模经济来降低生产成本之前，政策能够保证行业有一定的销售量。过去，中美双方在能源领域有不同的政策制订手段，一方面是因为两国的需求不一样，优先发展的项目也不一样；另一方面是因为两国的政府架构不同。由于这些差异的存在，两国的政策难以进行比较分析或找到政策合作基础。然而，鉴于可再生能源政策在中美两国发展可再生能源过程中都将发挥重要作用，本章重点关注中美目前正在实施的能源战略，甄别出双方可以合作共赢的领域，总结潜在的市场约束，并讨论怎样增强市场基础设施的建设。

一、中国的可再生能源政策

（一）政府的作用

中国的能源政策制定过程分两个步骤进行。中央政府首先制定宏观的政策目标，在每个“五年计划”中对政策目标进行讨论。随后，全国人民代表大会、各个部门和机构根据中央制定的目标进行具体政策的设计。中国“十五”（2000～2005 年）和“十一五”（2006～2010 年）规划中首次写入了可再生能源发展目标。

大力发展可再生能源，要求政府各部门以及政府部门以外的许多机构和团体协调行动。2010 年 1 月，中国政府宣告了国家能源委员会的成立。该委员会旨在简化中国的能源行动及对国家能源局和国家能源机构的活动进行统筹协调。因为

这些部门发布的条令可能与其他部门的相冲突。国家能源委员会将承担起国家发展和改革委员会和财政部中有关能源方面的活动。国家能源委员会的宗旨是制定中国的能源战略，确保国家能源安全，以及协调合作项目。

中国开发可再生能源的主要目标之一是为200多万用不上电的农户提供离网发电，另一个目标是解决燃煤发电引发的长期环境影响问题。中国国家能源委员会已经认识到，不断增加的温室气体排放量会对气候产生潜在影响。同时，中国已采取了一些措施来减少区域性标准空气污染物的排放量，如微粒、二氧化硫和一氧化二氮（NAE et al.，2007）。这些污染物的减少也有利于解决近年来居民反映强烈的能源污染问题。更重要的是，中国将可再生能源视为一个有利于发展经济的潜在良机，特别是在全球市场青睐清洁能源的重要阶段。例如，2009年，中国生产的90%以上的光伏电池用于出口贸易。

（二）一般政策和目标性政策

中国“十一五”规划制定的可再生能源政策总体目标是：“加快可再生能源的技术进步和产业体系发展……重点支持生物质液体燃料发电、风力发电，生物质发电和太阳能发电的技术突破和产业化。”这个目标得到一系列保护措施和激励办法的支持，如表5-1和表5-2所示。以下四大政策描述了中国可再生能源的前景：①《中华人民共和国可再生能源法》提出了政策目标；②《可再生能源中长期发展规划》规定了可再生能源发展的重点领域；③《可再生能源发展专项资金管理暂行办法》；④《可再生能源发电价格和费用分摊管理试行办法》描述了相关的定价政策。

表5-1　中国可再生能源的直接政策

日期	政策	详情
2005年2月	《中华人民共和国可再生能源法》	概述政府在可再生能源领域的部分施政目标；仅提供总体指导方针，尚未设定价格；由国务院的价格职能部门制定价格
2005年11月	《可再生能源产业发展指导目录》	以风能、太阳能、生物能、地热能、海洋能和水电领域的最佳运行项目为标准制定产业发展目标

续表

日期	政策	详情
2006年1月	《可再生能源发电价格和费用分摊管理试行办法》	要求国家电网根据政府定价或政府指导价（对成功竞标者予以税收优惠）购买可再生能源电力。 可再生能源发电的定价政策如下： 1. 对风能的上网电价使用政府指导价格。 2. 在太阳能、海洋能和地热能中应用政府的固定价格。 3. 生物质发电的上网电价标准是由2005年脱硫燃煤机组标杆上网电价加上补贴电价构成。2008年，生物质发电的上网电价升为0.35元/kW·h。生物质能发电项目在开始生产后可连续15年获得补贴
2006年1月	《可再生能源发电有关管理规定》	指定管理机关批准、管理和监督各种可再生能源项目（中央或省级水平），规定发电企业和电网企业的具体职责，以促进可再生能源发电的进步
2006年5月	《可再生能源发展专项资金管理暂行办法》	制定了具体法规对关键领域给予支持，如资助、管理和评估
2007年8月	《可再生能源中长期发展规划》	规定到2010年和2020年，可再生能源消费比例必须分别达到10%和15%
2008年3月	“十一五”规划期间的《可再生能源发展规划》	在“十一五”期间，建立可再生能源发展目标和优先项目
2009年4月	《中华人民共和国可再生能源法（修订稿2009）》	修改后的法律规定，国家实行可再生能源发电全额保障性收购制度。即国务院能源主管部门制定全国可再生能源发电量的年度收购指标，确定并公布电网企业应达到的全额保障性收购可再生能源发电量的最低限额指标

表 5-2　中国可再生能源的间接政策

日期	政策	详情
2006 ~ 2010 年	《国家环境保护“十一五”规划》	概括了 2006 ~ 2010 年行政期间的国家议程。本规划以“十一五”规划和《落实科学发展观和加强环境保护》为基础，其目标是： 1. 到 2010 年实现二氧化硫和二氧化碳的排放量比 2005 年减少 10% 的目标。 2. 增加优质空气的天数，重点市区空气质量高出国家二级空气质量标准 5.6%
2000 年	《能源节约与资源综合利用“十五”规划》	概括 2000 ~ 2005 年行政期间国家的能源议程，重点是能源效率、能源保护、减少消耗和综合能源利用，包括： 1. 石油节约和可替代性技术。 2. 可再生能源回收和利用技术。 3. 节能和清洁能源企业的示范性项目。
2006 年	《环保产业发展“十一五”规划》	概括 2006 ~ 2010 年行政期间的国家议程，重点是环境保护，包括： 1. 集中开发技术，以提高能效，减少污染。 2. 集中开发环保项目的全面合同服务，包括融资、设计和装备

除水电外，其他可再生能源发电的价格仍然比化石燃料发电的价格高。这至少有一部分原因是由于对化石燃料发电的长期补贴。因此，定价政策非常重要，能够激励可再生能源的使用。一种措施是制定上网电价政策，要求能源行业以某个固定价格购买可再生能源，以上网电价购买可再生能源生产的电力并将其并入电网。另一种措施是招标，即政府启动投标程序，以签订可再生能源的供应合同。上网电价政策有利于生物质发电和太阳能发电的发展；招标有利于风力发电的发展，但在 2009 年，中国已将风电的上网电价政策替代了招标政策。由于中国主要推行上网电价政策，需要考虑增加可再生能源发电的配额和比例，鼓励大规模的商业项目上马运行。上网电价补贴占中国对可再生能源补贴的绝大部分（约 90%），对研发经费的支持和其他上游项目，如技术进步、技术的可靠性、成本减少等，国家的投入显得比较薄弱。

虽然中国的能源政策致力于生物燃料的生产，但总体上看，中国生物质能政策的重点在于制热和发电，而不是替代运输燃料。考虑到生物燃料对食品供应产生的影响，2006 年，中国政府禁止利用粮食生产乙醇。然而，可以继续利用非粮食原料（如木薯、甜高粱、麻风树、黄连木、桐树和棉籽）生产乙醇。

（三）影响和挑战

在中国可再生能源的发展中，水电项目占主导地位。这反映了中国长期以来不依靠能源资源促进电气化发展的能源政策。中国拥有丰富的水能资源、合适的应用技术，以及中央决策机制（适合发展大型水电项目，如三峡工程），然而，由于化石燃料能源成本低、易获得，除了风电，其他可再生能源的推广在大部分地区仍然举步维艰。

《可再生能源中长期发展规划》是中国最重要的可再生能源政策之一。这项政策要求到 2010 年和 2020 年，清洁的可再生能源（包括大水电和核能）在一次能源消费中的份额分别达到 10% 和 15%。为达到或超过这些目标，中国需要出台一些相关的政策，为清洁的可再生能源发展清除障碍。

1. 政策实施

中国应该建立强有力的环境法规营造有利于可再生能源生产的环境，提高环境法规的执行能力。在制订可再生能源政策方面，中央政府发挥着最大作用；而环保法规的执行则依靠省级政府。但是许多省级领导并不十分关注环境法规的贯彻执行问题，甚至当地方监管机构试图举报环境法规执行不力时，会受到了一些权威机构施加的压力（Canfa，2007）。环保法规的执行不严将给可再生能源行业带来以下影响：①如果污染控制不严，那么燃煤发电将保持人为低价；②随着可再生能源制造业的发展，低效率和高污染的过程可能有损人们对这个新兴行业的信心；③随着可再生能源发电站的数量增加和规模扩大，如果不妥善管理，将对当地环境产生影响，有损人们对这些项目的进一步支持。

2. 电网整合

电网整合的速度常常滞后于可再生能源新项目的建设速度。因此，中国相当大的部分风电项目没有并入主要电网中，特别是在内蒙古和甘肃地区。据 2006 年颁布的《可再生能源法》规定，电网服务行业必须将可再生能源生产的电力并入电网，而电网运营商可根据距离的长短来获得补贴：50 km 内，每千瓦时补贴 0.01 元人民币；50 ~ 100 km 范围内，每千瓦时补贴 0.02 元人民币；100 km 以上，每千瓦时补贴 0.03 元人民币。

然而，并网所需要的不仅仅是新装备，还要求对电网操作人员进行培训控制可再生能源供电的间歇现象。这就意味着要实现电网技术的现代化，以使输配电系统具有更高可预测性和易于管理。有时也需要提供后备供电服务，对于中国而言，增加后备供电就意味着增加额外的煤电厂（美国一般使用天然气作为后备电力驱动）。

中国大部分用电项目没并入主要电网的原因有很多，缺乏传输互联便是其中之一。但是，在许多情况下单个风电场项目的发展远远超出了地区电力发展和传输的计划，有些项目根本没有得到批准和授权。为了不引发电网问题，超出计划的风电项目被叫停，性能不良的风电项目也被并入电网。

3. 社会阻力

中国水电项目建设（如三峡工程）导致了大量人口搬迁。在过去几十年内，水电项目迫使数百万的居民搬迁原址，以后还会继续引发社会阻力。2004 年，约 10 万农民以集体静坐的方式抗议在四川汉源县建造高 186m 的大坝。但是对于风电场或其他可再生能源的建设尚未发生如此大规模的抗议活动。电力运输，特别是跨省远距离的电力运输有可能成为中国在边远地区发展大型风电场和太阳能基地建设的一部分。因此，在输电计划的开始阶段就征求所有受到影响的社区的意见是必要的，以便找出这些大型项目发展可能存在的问题。

二、美国的可再生能源政策

（一）政府的作用

正如第一章所述，美国在可再生能源扩展过程中有许多驱动力。其中首要的是对大量减少电力和运输部门的温室气体排放的意愿，以及找到持续的、长期的能源资源。这点对交通部门而言特别重要。另一个驱动力是出于国家安全考虑。美国的石油有 65% 来自国外，其中有些来自政治不稳定的地区。美国国家安全顾问 James Jones 这样描述美国对进口石油的依赖性：“这是本世纪美国面临的最重要和最紧迫的安全挑战”（Jones, 2008）。可再生能源作为大量减少电力部门温室气体排放的一种方案，已获得越来越多的支持。创造就业岗位是促使扩大可再生能源扩展的另外一个驱动因素。在政策讨论中，可再生能源部门及其相关的工作（制造、施工和设施操作方面）共同构成所谓的“绿色就业岗位”。

美国能源部在有关能源的立法、研究和保护领域发挥着至关重要的作用。同时，美国能源部还支持能源政策多样化发展。近年来，在美国能源部活动下，相关的立法包括：①《能源政策法案》（2005 年）；②《能源独立和安全法案》(2007 年)，这是美国最新通过的全面的能源法案。2010 年 7 月，一项全面的联邦能源法规已提交众议院（《H. R. 2454 美国清洁能源与安全法案》）和参议院（《美国清洁能源领导法》)，但至今悬而未决。

美国环境保护署负责制定美国的环保法规。虽然环境保护署不是内阁部门，但其负责使环保法规的执行符合《清洁空气法》，并设计了许多能源效率方案，如《能源之星》和燃料经济标准。此外，在 2009 年 12 月，环境保护署颁布了一份《濒危报告》，这是最终确定温室气体排放标准的先决条件。《濒危报告》的主要作用是通过提高价格，限制化石燃料（特别是煤）的使用。因此，此报告将对美国可再生能源的发展产生深刻的影响。

通过执行州政府计划和《可再生能源配额标准》，州政府鼓励可再生能源的使用。例如，2007 年，加利福尼亚州制定了《加利福尼亚州太阳能启动计划》，对安装的光伏组件每发电 1 W 就可获得 2.50 美元的现金初始补贴（补贴额度随着时间下降）。美国的各个州通常被称为政策执行的“实验室”。自 21 世纪早期起，可再生能源政策也处于这种“实验室”情形中（NAE/NRC/CAE/CAS, 2007)。自 2010 年 7 月起，美国 29 个州和哥伦比亚特区均采用了《可再生能源配额制度》，而另外 7 个州设定了可再生能源组合的目标。欲了解美国州级鼓励政策的详情，请访问各州可再生与能效产品激励政策数据库（DSIRE-www.dsireusa.org)。

（二）一般政策和目标性政策

美国的可再生能源政策由联邦、州和地方政策组成。联邦政策主要包括《联邦发电税收抵免》、《投资税收抵免》和《加速成本回收制度修订版》。这些政策提供经济激励和补贴，使可再生能源的最终生产价格比传统的化石燃料更具有成本竞争力。

美国联邦的新提案将会影响可再生能源领域，这些新提案包括《可再生能源配额标准》、碳定价法规，以及输电和配电法规。联邦的《可再生燃料标准》结合现有的燃料补贴，使替代的运输燃料更具成本优势。Palmer 与 Burtraw（2005）的研究发现，与《联邦发电税收抵免》或碳总量管制和交易政策相比，联邦级《可再生能源配额标准》在促进可再生能源的发展上更具成本有效性。但是对《可再生能源配额标准》持反对意见的专家指出，它太偏重可再生能源，对其他譬如核能、碳捕获与储存这些也能产生低碳电力的项目的发展有所忽视。

州级的可再生能源法规比联邦政府更加严格。这是非常有意义的，因为如果各州采取比较严格的环境法规，通过大型消费市场的作用，使得这些法规在全国范围内得以切实履行。例如，加利福尼亚州的《公司平均燃油经济性标准》（燃料经济）相对较严格，这就刺激美国汽车厂商采纳通用的车辆标准，以便获准进入加利福尼亚州大市场。

2009 年 2 月 13 日，美国国会通过的《美国恢复和再投资法案》，涉及一揽子激励政策。该法案包括整体经济资金，也有一些资助可再生能源应用的具体条款。新的联邦资金可以通过以下两种方式获得：①在财政部管理项目下的现金赠与替代投资税收抵免；②能源部承保的贷款担保

然而，其他的一些研究结果显示，在创造就业岗位方面，各方案的差距不大。（Manapement Information Services Inc，2009）。《可再生能源配额标准》通常作为州级政策以鼓励可再生能源开发，并辅以税收抵免和其他激励政策。然而，由于某些州缺乏可再生能源资源，或反对联邦扩大输电规模和州际竞争，这些州尚未强制执行《可再生能源配额标准》。另一些州（如加利福尼亚州），已经实施了税收抵免政策。至今为止，是否要制定全国性的税收抵免政策尚在争论之中，没有正式提交国会讨论。

在引进可再生能源政策时，必须考虑的一个因素是绿色电力的市场营销（如将可再生能源电力出售与终端用户）。这些对绿色电力的自愿性购买量约占美国 2008 年电力销售总量的 0.6%（Bird et al.，2009）。目前尚不清楚的是，新的可再生能源政策是否能催生出新市场，或者只是对现有的自愿性市场有所裨益。

（三）影响和挑战

表 5-3 和表 5-4 列举了直接和间接影响美国可再生能源生产和消费的政策。图 5-1 和图 5-2 显示了 1950～2006 年期间促进能源开发的各种联邦激励政策。这些图片说明化石燃料行业（特别是石油）长期得益于一系列补贴和其他政府激

励政策。这些行业的技术发展仍需依靠联邦政策给予激励，特别是税收政策和管制。图 5-3 显示了联邦发电税收抵免的作用，这是促进美国可再生能源行业发展的主要驱动力。

可再生能源的价格取决于许多因素，如能源丰裕度、运输成本、联网成本和相关政策（Brown and Busche，2008）。在历史上，公共政策和激励政策不足以支持可再生能源的广泛推广。一些项目开发商企图采用“补贴叠加”的方法来解决可再生能源设施的高成本所需的资金问题，即将各种公共资金汇集在一起对可再生能源项目进行资助。据美国能源部能源信息署（EIA，2010）的估算，如果没有新的政策出台，到 2035 年可再生能源在能源总量中所占份额仍然较小，近年来，由于可再生能源需求量高，某些材料紧缺，因此其价格在短期内有所增长。但是，可再生能源的整体价格呈下降趋势，印证了之前分析的预测。

表 5-3 美国可再生能源的直接政策

日期	政策	级别	领域	形式	详情
1997 年至今	《可再生能源发电配额标准》	州和地区（44）	电力	命令和控制（贸易）	各个州的标准差异很大（10% ~30%），各地的可再生能源类型的差异也很大。在各个州中增加可再生能源发电配额标准，显示在未来几十年内将有 60 GW 的可再生能源并网
1994 年至今	《发电税收抵免》	（主要）联邦	电力	金融激励措施	可再生能源新项目在第一个十年内，每发电 1kW·h，可获得 2.1 美分的税收抵免
1986 年至今	《加速成本回收制度修订版》	联邦	电力	金融激励措施	这个系统允许大量可再生能源电力资产在急剧贬值之前进行折价，间接地减少了各个机构构建可再生能源能力的税收负担。在颁布此系统之前（1975 ~1983 年）应用的是另外一个相似的系统，称为“加速成本回收系统”

续表

日期	政策	级别	领域	形式	详情
2005 年至今	《投资税收抵免》	联邦	电力	金融激励措施	规定了太阳能、燃料电池和小型风能发电（小于 100 kW）的税收抵免为 30%；而地热能、微型涡轮机，热电联产的税收抵免为 10% 注释：《2009 年美国复苏与再投资法案》允许所有能获得发电税收抵免的可再生能源以接收投资税收抵免来代替发电税收抵免
2005 年至今	《可再生燃料标准》	（主要）联邦	运输	命令和控制（贸易）	《2007 年能源独立和安全法案》规定实质性地增加生物燃料（按照 2005 年的《能源法案》规定的级别）。1992 年的《能源法案》授权美国能源部，强制要求某些联邦舰队使用替代性燃料
1997 年至今	公共福利基金	州	电力	金融激励措施	若干个州开始对供电征税，税收收入用于资助可再生能源项目，为可再生能源发电提供补贴
1978 年至今	税收抵免、赠款、退税、低息贷款	联邦和州（49）	电力（主要）	金融激励措施	美国的各个州（除阿肯色州外）均为可再生能源提供各种形式的财政支援。但是，这种支援的性质和范围各不相同。其中，税收豁免是一种常用的措施
多时期	州级目标	州（5）	电力（主要）	设定目标	美国的 5 个州没有制定可再生能源的强制性指标，但制定了自由发展目标
2009 年	2025 年可再生能源达 25%	联邦	所有	目标	奥巴马总统提出到 2025 年可再生能源满足美国 25% 的能源需求
2009 年	在 3 年内使可再生能源翻倍	联邦	所有	目标	奥巴马总统提出美国在 3 年内使可再生能源的产量翻倍

续表

日期	政策	级别	领域	形式	详情
1978 年至今	可再生燃料补贴	联邦	运输	金融激励措施	自 1978 年颁布《能源税收法案》起，可再生燃料的联邦补贴经历了多次变更。目前，对玉米乙醇的补贴为 45 美分/gal；纤维素乙醇为 65 美分/gal；而生物柴油燃料为 1 美元/gal

表 5-4　美国可再生能源的间接政策

日期	政策	级别	领域	形式	详情
1980 年至今	《替代性燃料的补贴》	联邦（主要的联邦成员）	运输	金融激励措施	通常对电力销售收取附加费，以其他方式用于补助可再生能源。自 2004 年起，年投资高于 3 亿美元
2001 年至今	《采购绿色电力》	州（7 个州强制执行）	电力	金融激励措施	消费者根据协议支付电价的附加费，以“购买”可再生能源供电。效用是一个明显的问题，无法确定何种电力适合哪一类消费者；还有额外性问题
2009 年至今	《温室气体控制》	州/地区（区域温室气体减排行动、西部气候动议、中西部温室气体减排协议）	所有	命令和控制（贸易）	任何关于贸易排放量和碳税收的法规均可成为可再生能源发电的实质性和可持续性竞争优势。如果这些法规得以通过，那么主要问题是排放许可证的分配。不同的分配，对可再生能源厂商产生不同的影响
1975 年至今	《公司平均燃油经济性标准》	联邦和州（1）	运输	命令和控制（贸易）	该标准没有完全涵括替代性燃料，这促使了人们使用替代性燃料，特别是可再生燃料

续表

日期	政策	级别	领域	形式	详情
1996 年不同阶段	净计量	州（自 2004 年起，30 个）	电力	协议设定	允许安装了电源的终端用户将多余的电量出售给电网。由于近乎为零的发电边际成本和无法关闭电源，因此，上述措施对可再生能源发电来说特别有用，同时也可以使用其他能源
20 世纪 70 年代至今	研发资金支持的专项基金	联邦（主要的联邦成员）	所有	研究	各种可再生能源资金，如激励能源效率与可再生能源发展的 25 亿美元研究资金
多时期	各州制定的政策	州（5）	所有	设定目标	美国 5 个州没有制定可再生能源发电标准，但已经确定可再生能源发电目标

资料来源：http：//dsireusa. org/

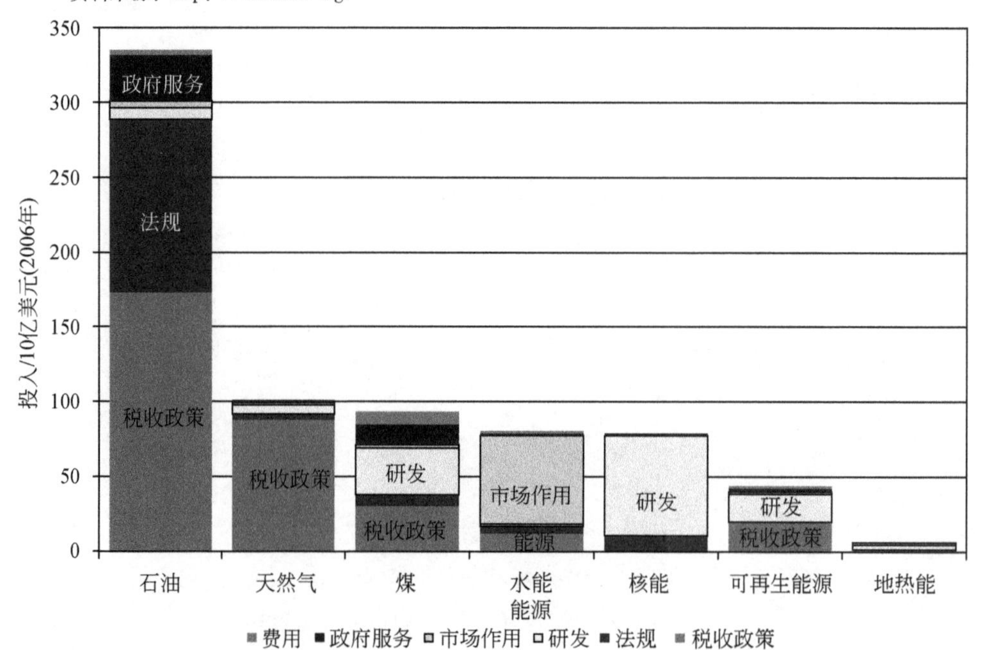

图 5-1　比较分析 1950～2006 年美国联邦能源发展的激励政策

资料来源：MISI，2008

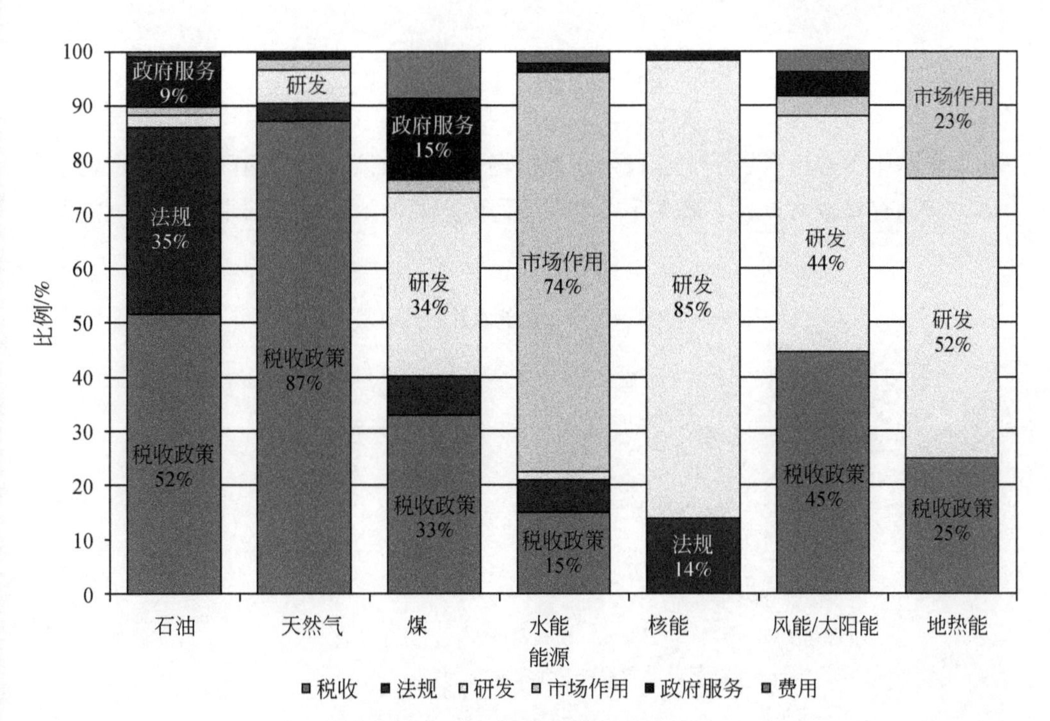

图 5-2　各种能源的联邦激励政策汇集

资料来源：MISI，2008

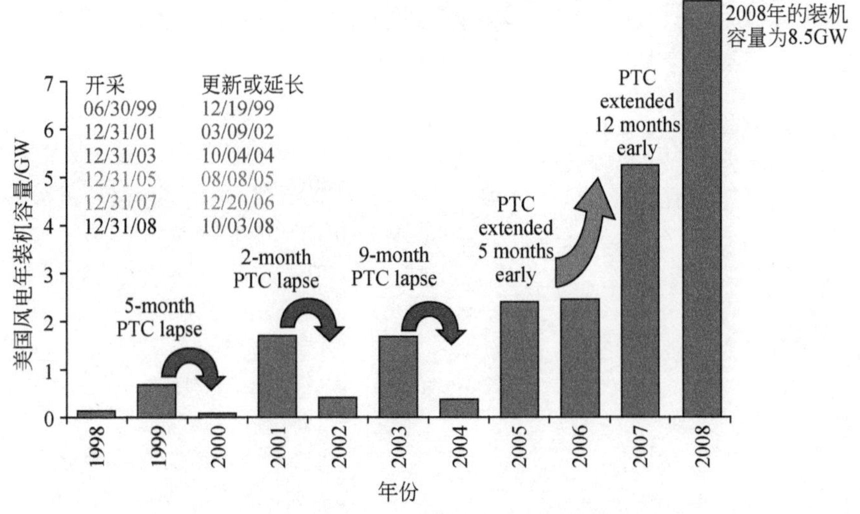

图 5-3　风电扩张的波动及其与发电税收抵免的关系

资料来源：Wiser，2008（修正）

三、各种能源政策的比较

虽然中美都出台了扩大可再生能源市场规模的政策，但是两国政策制定的总体方法尚存在较大差异。表5-5以时间序列的方式显示了两国的主要可再生能源政策。

表5-5　中美两国可再生能源政策的时间对照表

年份	美国的可再生能源政策发展	中国的可再生能源政策发展
1978	颁布《公用事业管制法案》，要求公用事业购买合格的可再生能源发电厂的供电。《能源税收法案》为可再生能源提供个人和商业税收抵免	
1980	联邦的可再生能源研发资金高达13亿美元（相当于2004年的30亿美元）。《暴利税法案》为替代性燃料产品和乙醇混合燃料提供税收抵免	
1983		《加强农村能源开发的建议》
1992	加利福尼亚州延迟了太阳热能发电（又称聚光式太阳能热发电）的物业税收抵免，导致投资的暂停	《中国21世纪议程》 发布了促进中国环境与发展的“十大战略”
1994	联邦可再生能源的发电税收抵免作为《能源政策法案》（1992年）的一部分而生效	国家发展计划委员会（现在的国家发展和改革委员会）制订了“光明工程”和“乘风计划”
1995		国家科学技术委员会（现在的科技部）制定的第4号蓝皮书:《中国节能技术政策》 国家发展计划委员会和经济贸易委员会（现合并为国家商务部）制定的《新能源和可再生能源发展纲要》 《电力法》 国家发展计划委员会、国家电力公司、国家发展计划委员会和经济贸易委员会共同编制的《中国新能源和可再生能源发展优先项目（1996－2010）》

续表

年份	美国的可再生能源政策发展	中国的可再生能源政策发展
1996	净计量法规在多个州生效	《“九五”计划纲要》和《2010年中国经济社会发展远景目标》 《国家能源技术政策》 国家电力公司制定的《能源节约和新能源开发“九五”计划和2010年远景目标》 国家发展计划委员会和经济贸易委员会制定的《新能源和可再生能源产业化“九五”计划》
1997	各个州开始为《可再生能源发电配额标准》和公共福利基金而制定政策，作为州电力机构改革的一部分	《国家计划委员会交通和能源司关于发行新能源基本建设项目管理的暂行规定的通知》 《节能法》
1998		国家发展计划委员会和科学技术部共同制定的《可再生能源技术本地化的激励政策》
1999		《国家计委、科技部关于进一步支持可再生能源发展有关问题的通知》
2000	联邦发电税收抵免规定于1999年到期，直到2000年下半年才得以更新，导致风能行业在2000年急剧下滑。联邦发电税收抵免规定于2002年和2004年到期时，同样导致新增电量快速下降	《能源节约与资源综合利用“十五”规划》
2001	某些州开始强制要求公用事业为客户提供绿色电力产品	国家发展计划委员会和经济贸易委员会编制的《新能源和可再生能源商业化发展“十五”计划》 财政部和国家税务总局共同编制的《调整部分资源综合利用产品的增值税》 国家发展计划委员会和财政部共同编制的《中国西部省份无电气化城镇的发电设施建设》或《城镇电气化项目》
		《可再生能源促进法》、《西部地区2020年农村能源发展规划》

续表

年份	美国的可再生能源政策发展	中国的可再生能源政策发展
2004	5个新成立的州在一年内颁布了可再生能源发电配额标准，这样的话，美国共有18个州（包括华盛顿特区）制定了可再生能源配额标准；同时15个州启动公共福利基金。	
2005	《能源政策法案》延长了风能和生物质能发电的发电税收抵免（延长两年），并为其他可再生能源提供额外的税收抵免，如太阳能、地热能和海洋能	
2006		《可再生能源发电有关管理规定》《可再生能源发电价格和费用分摊管理试行办法》、《可再生能源发展专项资金管理暂行办法》、《国家环境保护"十一五"规划》、《环保产业发展"十一五"规划》
2007	《能源独立和安全法案》（2007）支持加快太阳能、地热能、先进水电和储电领域的研发	《可再生能源中长期发展规划》
2008	27个州和哥伦比亚地区颁布了《可再生能源发电配额标准》，另外6个州已设定了可再生能源发电目标。《经济稳定紧急法案》规定发电税收抵免延长一年，并对居民和商业部门使用太阳能执行投资税收抵免（直到2016年）。	《可再生能源发展"十一五"规划》
2009	《2009年美国复苏与再投资法案》延长风能的发电税收抵免（直到2012年），并延长城市固体废物、生物质、地热能、水动力和某些水力的发电税收抵免（直到2013年），同时为电网研究和更新提供资金	规定电网运营商必须购买本地可再生能源发电商的所有供电

如果说美国通过"胡萝卜加大棒"的方法打开了可再生能源进入能源市场

的通道，那么中国则直接采用了“大棒”方法，对可再生能源的生产和消费做出了硬性规定，同时，中国政府还采取了上网电价政策（类似德国）和对电网运营商制定指导电价的方法；通过立法要求这些运营商必须将本地的可再生能源连接到省级和国家电网。相反，美国更青睐以市场为导向的政策（如《发电税收抵免》），以鼓励可再生能源利用。在美国即使像《可再生燃料标准》和州级《可再生能源发电配额标准》之类的政策，也逐渐依靠市场机制以便减少履约成本。

创造就业岗位常常是促使美国立法的因素（如《2008 年可再生能源与创造就业岗位法》）。中国将可再生能源生产视为创造就业岗位的一个方法。2008 年，中国的可再生能源行业共创造了 112 万个岗位。同时，中国也将可再生能源开发视为发展经济和技术的工具。两国在可再生能源创造就业岗位方面似乎只存在细微的区别，但事实并非如此。由于中国通过中央规划发展经济的特点，可再生能源部门未来将主要在国家对研发的投资、制造能力和海外市场等方面进行讨论。

中美都非常关注化石燃料焚烧产生的环境影响。中国主要致力于减少大气微粒、二氧化硫和氮氧化物的排放量。根据中国《可再生能源中长期发展规划》中“2020 年的可再生能源生产目标”，相当于每年减少排放 800 万 t 的二氧化硫，300 万 t 的氮氧化物，400 万 t 的烟尘，以及 12 亿 t 的二氧化碳。美国也很关注氮氧化物、硫化物和温室气体的排放问题。2009 年 11 月，白宫提出到 2050 年实现减少 83% 温室气体排放量的目标。

中国部分农村地区尚未接入电网，急需电力供应，可再生能源开发是解决这个问题的良机。这种现状与美国农村以前的状况相似。自 1936 年起，美国农业部就已经为农村地区的供电提供直接贷款和贷款担保，其中就包括可再生能源项目的贷款担保。此外，由于中国的中西部地区以农业经济为主，经济相对比较落后，而以生物质为基础的可再生能源开发可促进这些地区的农业经济发展。美国越来越青睐生物质与煤混合燃烧发电站，有的电厂已经采用以生物质燃烧装置替代煤燃烧装置。

对于生物燃料在能源政策中的地位，两国表现出不同的态度。由于美国更关注能源安全和交通燃料，因此更重视生物燃料的开发。由于乙醇可作为汽油配方的添加物，符合《清洁空气法》中的氧化要求，美国的生物燃料中 90% 以上为乙醇。中国近来也对生物燃料有所关注，特别是随着私家车数量的迅速增长，乙醇作为运输燃料的重要性也日益凸显，中国政府开始在一些地区启动乙醇混燃的试点项目。然而，对中国来说，发展生物燃料的一个主要动力是促进农村经济的发展，因此对生物燃料的重视程度不如美国。

四、可再生能源推广的潜在限制

（一）材料

如果缺乏可再生能源发电技术必需的主要原料，生产成本将居高不下。例如，由于竞争激烈，导致风力发电行业某些主要原料短缺。表 5-6 列举了美国到 2030 年达到 20% 的电力来自风力发电这个目标所需要的材料估算，需要美国从 2017 年起在 13 年内每年至少需安装 7000 台风电机组（DOE，2008a）。因此，贸易和进出口管制会成为加快或阻碍风能发电和其他可再生能源推广的一个因素。

表 5-6　美国风力发电占比 20% 的情景下所需的材料预测

年份	kW·h/kg	永久性磁铁	混凝土	钢铁	铝	铜	GRP	CRP	粘合剂
2006	65	0.03	1 614	110	1.2	1.6	7.1	0.2	1.4
2010	70	0.07	6 798	464	4.6	7.4	29.8	2.2	5.6
2015	75	0.96	16 150	1 188	15.4	10.2	73.8	9.0	15.0
2020	80	2.20	37 468	2 644	29.6	20.2	162.2	20.4	33.6
2025	85	2.10	35 180	2 544	27.8	19.4	156.2	19.2	31.4
2030	90	2.00	33 800	2 308	26.4	18.4	152.4	18.4	30.2

注：GRP 为玻璃纤维增强塑料；CRP 为碳纤维增强塑料

资料来源：DOE，2008

风电机组的永久性磁铁所使用的稀土元素就是一种供不应求的材料。许多发电设备对相似材料的需求量也很大。目前，中国生产的稀土金属约占世界总产量的 97%。美国也有一些稀土资源，但由于生产成本高，美国开采这些化合物的工程在 10 年前就停止了。然而，随着市场价格的提升，美国可能重新启动这些开采工程。

中国能够为风电机组生产提供足够的钢铁和铜，但仍需改进冶炼工艺，以提高这些材料的质量。生产风电机组叶片所需要的复合材料包括环氧树脂、玻璃纤维和泡沫芯材。中国可以生产环氧树脂和玻璃纤维，但需进口粘合剂和泡沫芯材。

随着太阳能光伏产品的批量生产，半导体材料的短缺成为一个制约因素。光伏产品生产所面临的另一个问题是缺乏硅基材料，但这个问题相对易于解决，毕竟自然状态下的硅元素分布在全球各地。真正形成瓶颈的是缺乏净化厂，而不是缺乏硅材料。事实上，中国已加快在硅提纯方面的投资（自2005年起）。这是促使以硅为基础的光伏电池板在近期内价格下降的因素之一。但是，相对全球需求来说，中国现在面临着生产能力过剩的问题。薄膜太阳能电池，特别是铜铟镓硒薄膜太阳能电池所需的铟材料和碲化镉薄膜太阳电池所需的碲元素是未来制约薄膜电池快速发展的因素。尽管这些元素在自然界广泛存在，但是要成为光伏电池所需的原材料，还需要经过提纯、冶炼和再利用等，如将包含此类元素的金属产品进行回收（Fthenakis, 2009）。

（二）劳动力

缺乏熟练的工人将会限制可再生能源发电系统的大规模制造和推广。例如，风电行业需要具备多种特殊技能和专门技术的工作人员（表5-7和表5-8）。在美国，与风电行业直接或间接相关的就业岗位数量从2007年的5万增长到2008年8.5万，并在2009年保持就业稳定。这些岗位数量的25%属于制造领域；12%属于施工领域；剩下的（大部分）岗位属于支持可再生能源发电行业的其他部门，例如会计、工程师、电脑分析师、秘书、工厂、卡车司机、机修工等（AWEA, 2009）。这些工作人员有的可能未意识到自身与可再生能源行业的关系。

表5-7　扩大风电装机所需的技能类型

部门	名称	详情
施工、修理、操作和维护部	建设风场，规范监管和修理事项	——修理、操作和维护风电机组的技术人员 ——协调建筑工作的电机工程师和土木工程师 ——卫生安全专家 ——运输重载的专门人员 ——操作起重机、钳具和引擎仓的技术人员 ——其他支持人员
独立电力发电商、公用事业	运转风场，出售生产的电力	——管理风电站的电机工程师、环保工程师和土木工程师 ——运转和维护风电站的技术人员 ——卫生安全专家 ——电力业务中的财会人员、销售人员和营销人员

续表

部门	名称	详情
顾问机构、法律机构、工程部、研发中心	设计多种与风能发电业务相关的主题活动	——分析风能体制和预测电力输出的程序员和气象员 ——气体力学、计算流体动力学和其他研发领域的工程师 ——环保工程师 ——能源政策专家 ——社会调查、培训和沟通领域的专家 ——金融家和经济学者 ——环保事务律师 ——营销人员和活动组织人员
制造商	风电机组生产商，包括部件和组装工厂	—— 负责研发事务、产品设计、管理和生产过程质量控制的高级化学工程师、机械师和材料工程师 ——生产链中的半熟练和非熟练工人 ——卫生安全专家 ——修理、操作和维护风电机组的技术人员 ——其他支持人员（行政人员、销售管理人、营销人员等）
开发商	监管所有与风场发展相关的任务（如策划、许可，施工等）	——协调整个过程的项目经理（工程师和经济学者） ——分析风场的环境影响的环保工程师和其他专业人员 ——预测风能和进行模拟评估的程序员和气象员 ——负责项目发展的法律和金融事务的律师和经济学者 ——其他支持人员（行政人员、销售管理人、营销人员等）

资料来源：EWEA，2008

表 5-8 按技能分类的直接雇佣人员比例

按技能分类的直接雇佣人员比例/%	
制造商	37
部件制造商	22
独立电力发电商/公用事业	9
开发商	16
安装/修理/操作	11
顾问机构	3
研发/大学	1
其他	1

资料来源：EWEA，2008

表 5-9 显示了 2007 年美国可再生能源产业相关的私营企业吸纳就业和收益的分类。2007 年，可再生能源行业中有 95% 以上的就业岗位和 90% 的收益来自私营行业，在政府部门中，与可再生能源有关的岗位超过半数在国家实验室的研发部门。表 5-10 显示了 2007 年可再生能源行业创造的就业岗位的数量和类型。图 5-4 和图 5-5 显示了可再生能源在私营部门创造的就业岗位和收益的分布情况。

表 5-9 2007 年美国的可再生能源产业*

产业领域		收入/预算（10 亿美元）	产业岗位	创造的总就业量
风能		3.3	17 300	39 600
光伏		1.3	8 700	19 800
太阳热能		0.14	1 300	3 100
水电		3.5	7 500	18 000
地热能		2.1	10 100	23 200
生物质能	乙醇	8.4	83 800	195 700
	生物柴油	0.4	3 200	7 300
	生物能源	17.4	67 100	154 500
燃料电池		1.1	5 600	12 800
氢能		0.81	4 100	9 400
私营行业总计		38.45	208 700	483 400

* 不包括联邦的雇员、实验室雇员或直接支持项目的承包商

资料来源：MIS and ASES，2008

表 5-10　2007 年美国可再生能源产业创造的就业岗位（由美国“就业选择”机构提供）

岗位类型	岗位数量	岗位类型	岗位数量
农业设备	4 260	工业生产	760
生物化学家和生物物理学家	1 580	监管人员、测试人员和分类人员	2 400
记账和会计	8 228	门卫和清洁工	3 610
营业人员	3 390	机械工	1 820
木匠	780	机械工程师	1 950
化学技术员	1 880	薪资和计时人员	1 160
土木工程师	3 080	水管工人、管装工和蒸汽管道工	4 670
电脑和 IT 管理人	1 210	采购代表	1 280
电脑程序员	2 660	销售代表	4 140
电脑软件工程师	3 260	保安	1 310
数据库管理人	560	金属板工	1 600
电力和电子设备组装人员	840	运货和收货人员	2 210
电工	6 330	检察员	690
工程管理人	1 350	报税人员	580
环保工程师	630	工具和模型制造人员	620
环境科学技术	1 690	培训和开发人员	650
负责招聘和人事管理的部门	600	卡车司机	9 500
林业和环保工作人员	1 440		
HVAC 系统的技师和安装人员	2 130		
工业工程师	1 340		

资料来源：MIS，ASES，2008

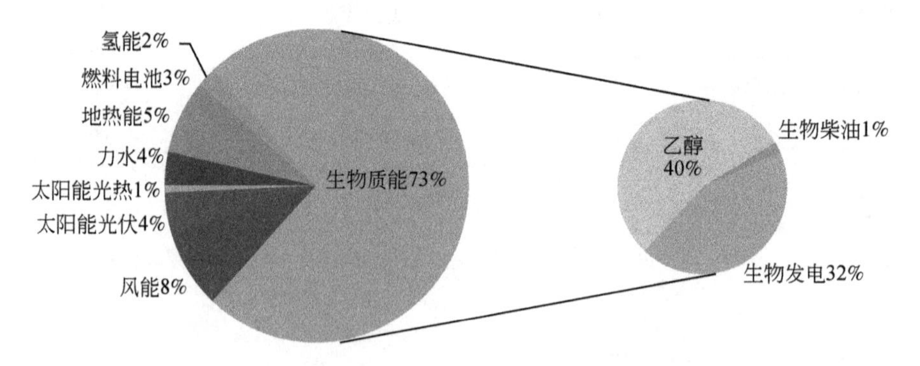

图 5-4　美国私营行业中各工业部门创造的就业岗位分布

资料来源：MIS，ASES，2008

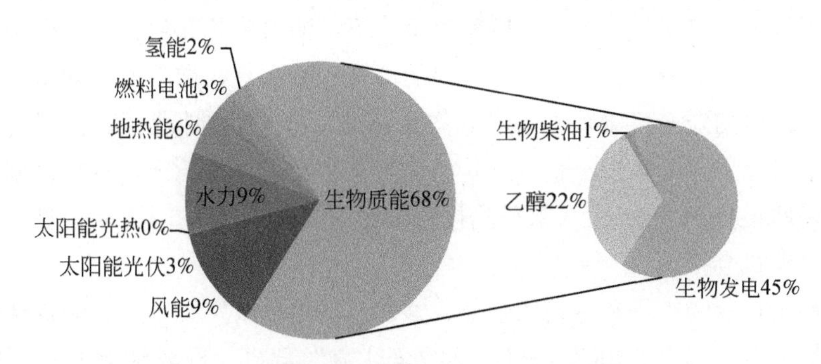

图 5-5　美国私营行业中各工业部门的收益分布

资料来源：MIS and ASES，2008

据美国风能协会的估算，每制造 1MW 的风能发电容量需要约 15.1 个施工岗位，0.4 个维修岗位（EWEA，2008）。为确保熟练人工达到一定数量，要求配备培训设备。这些培训设备旨在实现行业价值链的每个目标（Weissman，2009）。制定认证和鉴定标准可能有利于构建培训方案。认证意味着某个人符合某种预定工作的能力要求。太阳能光伏行业现有的认证方案可作为风能发电行业的模板。鉴定表明某个机构有能力培训学生，可使学生达到规定水平。作为《2009 年美国复苏与再投资法案》的一部分，美国劳工部为若干个州提供了总额为 1 亿美元的培训费用，用于培训能源效率和可再生能源行业的工人。

随着可再生能源行业不断扩大规模，其将越来越依赖于支持性的服务网络，这些服务网络不要求必须与现有的能源服务部门兼容。在美国，能够提供这种支持性服务的企业正在不断增加，而中国在这些方面的发展相对十分缓慢。对两国来说，发展成熟的可再生能源行业将依赖这些辅助性服务，包括能源审计、项目设计和风险管理。

（三）市场和金融风险

市场风险反映了为新产品开拓大市场的不确定性，以及占据市场份额的难度（由于存在低价竞争）。不当的激励政策或财政政策、法规或条例可导致需求长期低于预期水平。如果投资得不到充分的投资回报就存在金融风险。所谓金融高风险意味着较高的资本投资和较高的预期投资回报率。不同的行业结构有不同的风险类型，某些行业结构的风险很高，如零散型产业（大部分可再生能源产业）由于缺乏标准化且高度依赖特定市场就存在高风险，垄断行业（如发电公用事业）倾向于维护现有技术风险程度不高，但创新技术发展缓慢。

大规模推广可再生能源需要巨额资金，不可能由公共部门独自承担全部资金任务，但是，政府资金仍然是非常重要的部分，特别是在推广的早期阶段，因为这些来自政府的资金可以减少市场和融资风险，并有效地撬动私营部门的投资。部分资金可能来自风险投资企业（这些企业在公司创建时给予投资，以期获得更高的投资回报）。然而，大多数风险投资企业的投资期限为 3 ~7 年，对大规模推广项目来说机会很小。

除特定行业的市场和融资风险外，整体经济的健康发展也是影响资金成本和资本供给的重要因素。2007 ~2008 年的全球金融危机导致清洁能源领域的投资总体下降。到 2009 年初，由于激励性计划的作用，这种情况已经得到改善（REN21，2009）。中美分别承诺将注入约 670 亿美元激励性资金支持“可持续的”能源发展（UNEP et al.，2009），2009 年，中美两国的实际投资分别为 346 亿和 186 亿美元，中国的投资量近乎美国的两倍（PEW，2010）。

（四）高成本

不断扩大可再生能源推广，在规模经济和效率提高的作用下，某些可再生能源技术的成本将会下降。经验曲线模拟了应用积累和成本之间的关系，有助于确定投资需求。图 5-6 显示了随着装机总量的增加，风电机组系统成本不断下降的过程。图 5-7 显示了多种可再生能源技术、天然气联合循环发电和煤粉发电技术的经验曲线图。如图 5-7 所示，价格并不都随应用扩大而下降。在某些情况下，由于市场作用，价格也会升高。

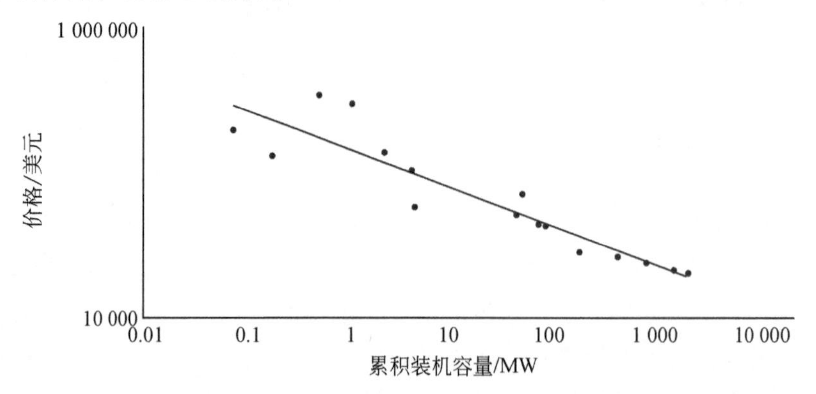

图 5-6　1984 ~2000 年从西班牙进口的风电机组的价格

资料来源：Nemet，2007

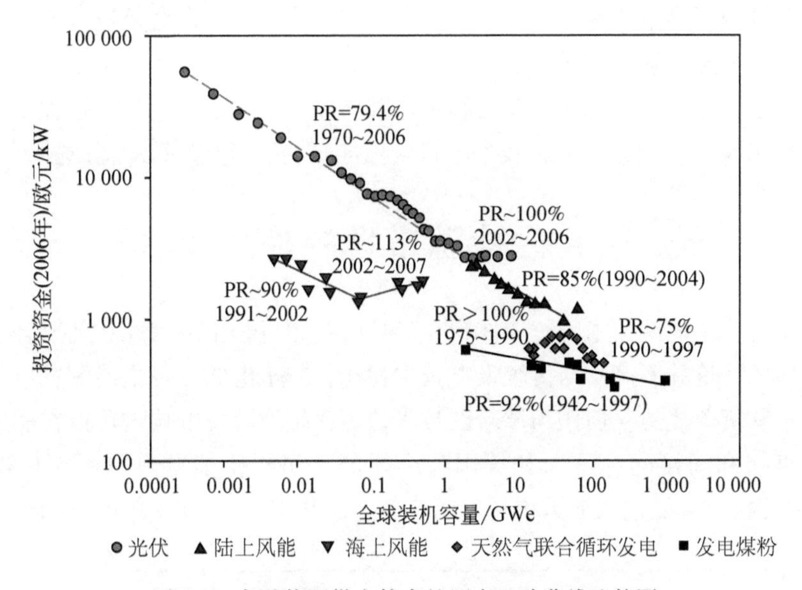

图5-7 各种能源供应技术的历史经验曲线比较图

资料来源：van Sark，2008；Junginger，2005；Claeson Colpier and Cornland，2002；Milborrow，2007

当使用经验曲线图来评估未来的原料成本时，须注意以下事项：第一，在短期内，经验曲线图不能反映原料价格上升的影响。第二，政策的改变也可促使某些原料需求量的急剧增长，从而导致生产成本的增加。第三，从低工资地区外购原料以降低生产成本并不是规模化带来的变化。

对于消费者而言，价格高低是相对的。可再生能源技术是否“昂贵”取决于是否存在可用的低成本替代技术。因此，在预测可再生能源推广的前景时，对化石能源发电价格的准确预计是非常重要的。虽然美国之前的研究能够很好地预测可再生能源的成本，但是这些研究对化石能源发电的零售价估算过高，对可再生能源发电的发展预测出现了偏差（Bezdek and Wendling，2003；McVeigh et al.，2000）。

（五）其他限制性因素

施工管理和设备中存在的问题可能会阻碍可再生能源的推广。这些制约因素包括：缺乏为实施可再生能源发电技术选址的工具（如气象设备）和缺乏施工设备（如大型起重机）。随着可再生能源发电设备的不断增长，这些问题就显得越来越突出。

有关新的可再生能源技术和应用信息不完整或不完善也会阻碍技术推广。由于市场还不成熟，缺乏市场标准、市场工具和行为规范，不能提供给参与市场的利益相关者、参与方、各级供应商和用户群体以可信的信息产品，这种不确定性产生了技术风险（即某种创新技术不符合标准），技术风险又增加了融资的成本。

五、可再生能源市场的扩大和融资

由于可再生能源技术的优势体现在产品的使用过程中，因此在初期，大部分客户给出的评价并不高。与传统发电技术相比，非水电的可再生能源发电技术不具备成本和资源优势，但作为革新性技术，可再生能源发电技术可以在实施过程中获得直接和间接的补贴（如美国各个州的《可再生能源发电配额标准》政策），因此极有可能进入电力市场。图 5-8 显示了 1980～2008 年中美的可再生能

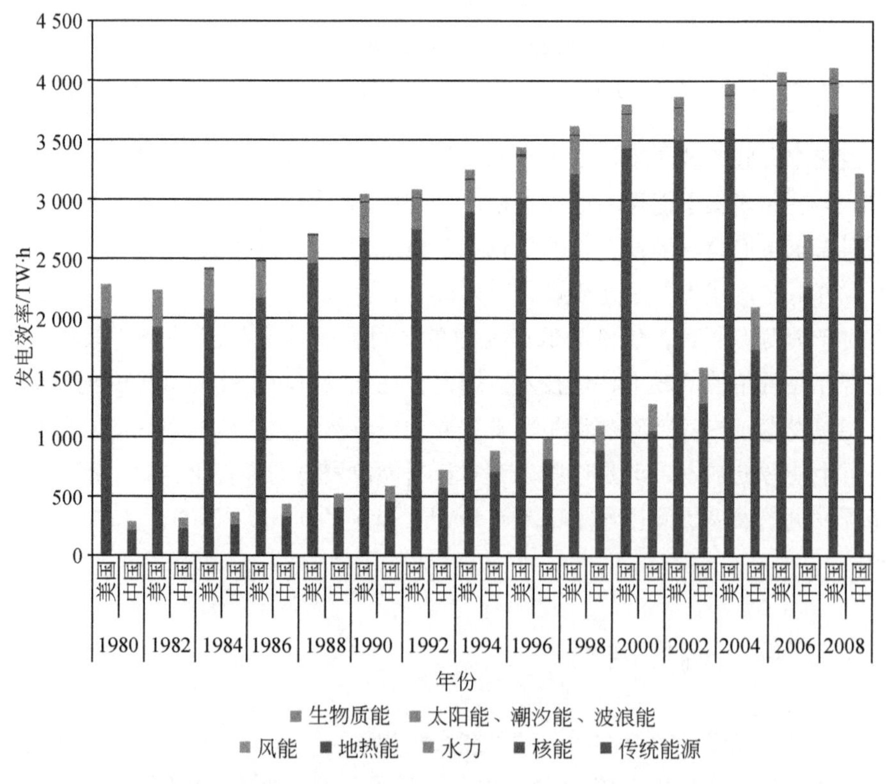

图 5-8　有效风能预测的要求和期望

资料来源：NYISO，2009

源增长情况。尽管两国的可再生能源有所增长，但是其原料的长期可获得性仍然存在问题，特别是两国可再生能源发电结构中有相似的能源类型和比例，使这个问题显得尤为突出。

公共基金的投入是撬动私人投资的最有效方法，而且电力市场的性质也决定了在项目的商业化早期阶段，需要公共资金介入。虽然消费品可经过传统的路径来实现商业化，但是电力的同质性使其难以要求率先使用可再生能源电力的用户先付费，因为可再生能源和燃煤发电站所生产出来的电没有区别。可再生能源证书（RECs）是解决这个问题的首选措施，可再生能源证书显示了电力来自可再生能源发电，也可以用于可再生能源电力的独立销售和贸易（Holt and Bird，2005）。可再生能源证书作为面向零售用户的绿色电力的市场营销战略和支撑可再生能源发电项目的额外收益，符合州级的《可再生能源发电配额标准》要求，目前得到了广泛应用（Holt and Wiser，2007）。

实践表明，公平的税收是美国促进可再生能源发展最强有力的驱动器，通过生产和投资税收抵免，有助于项目开发商获得融资。此外，公共资金为新的商业化项目提供资金注入，可再生能源部门也能从中获益（Murphy and Edwards，2003）。政府支持有助于建立或扩大现有公共筹资机制（PFMs）（UNEP，2009）。这种筹资机制的结构和重点各不相同，但是其目标都是为可再生能源项目调动商业融资和建立商业化的可持续市场。表5-11列出了在可再生能源和能源效率领域常用的公共筹资机制，并对其市场份额和面临的障碍进行了总结。大多数机制已经在许多国家得以应用，并且对其中一些机制的应用和扩散进行了跟踪记录。

表5-11 可再生能源和能源效率领域应用的公共筹资机制

机制		描述	障碍	金融市场	领域
债务	优先债务的信用额度	提供给本地商业融资机构的信用额度，形成项目的优先债务	本地商业融资机构缺乏基金，而利息很高	不发达的金融市场，缺乏流通性，借款成本高	大规模可再生能源项目和能源效率；帮助能源进入市场的大量贷款
	间接债务的信用额度	提供给本地商业融资机构的信用额度，形成项目的次要的债务	债务股本差距，即项目投资缺乏充足的股本来确保优先债务	股本和债务市场缺乏流通性	中等和小规模可再生能源和能源效率项目

续表

	机制	描述	障碍	金融市场	领域
债务	担保	与本地商业融资机构一同分担项目的信贷风险（如贷款）	高信贷风险，特别是已知风险	存在担保机构，具有增强信贷的经验	大型可再生能源和能源效率项目，能源进入市场
	项目贷款机制	国家金融机构直接提供给项目的贷款	本地商业融资机构不能解决行业问题	稳定的政治环境，保证契约，可为某种股本制订法律	大型和中等可再生能源和能源效率项目
股本	私人股本基金	对公司或项目的股本投资	缺乏风险资本；受到债务－股本比例的限制	高度发达的股本市场，允许股本投资者退出投资对象	大型电网连接可再生能源；能源公司
	投资风险基金	对技术公司的股本投资	缺乏风险资本，难以促进技术发展	发达的资本市场允许最终退出	任何新技术
碳	碳金融	提前出售碳信用额，兑换成未来的资金流，以资助项目	缺乏项目发展资本；缺乏资金流来增强安全性；碳信用额的交付不确定	项目基本融资的可用性。机构有适当的能力来开展清洁发展机制（CDM）或联合履行（JI）项目，并保证契约的签订	大型可再生能源和能源效率项目；活动方案，如能源进入市场
	后2012年信贷中的碳交易	订立购买碳信用额（2012年后交付）的契约	缺乏规章制度和短期符合采购商	项目基本融资的可用性。机构有适当的能力来开展清洁发展机制（CDM）或联合履行（JI）项目，并保证契约的签订	任何减少温室气体排放量的项目

续表

	机制	描述	障碍	金融市场	领域
赠予创新的基金	捐赠用于项目发展的基金	提供无需利息或偿还的“贷款”，直到项目具备金融可行性	开发商的资本化效果不佳；发展过程耗时耗成本	任何金融市场背景下均需要	任何领域
	软贷款方案	将基金赠予本地商业融资机构，使该机构资助做出让步的首批终端用户	在贷款给新行业时缺乏金融机构利息；对市场需求知之甚少	竞争激烈的本地贷款市场	中等和小规模可再生能源和能源效率项目
	激励性奖金	激励技术发展的“先发奖励”。气候领域尚未证实	技术发展的成本高，风险大；溢出效应	融资充分可行性，保证推广技术胜券在握	任何技术领域

资料来源：UNEP SEFI and New Energy Alliance，2009

公共融资机制可以对国家政策工具的实施起到很好的辅助作用，诸如条例、税收和市场机制，而非独立运行。良好的公共融资机制可以减少市场壁垒，弥合差距，分担私营行业的风险（特别是当私人投资者一开始不愿意或没有能力采取独立措施时）。

在金融中介产业链中的每一个结节中，都必须构建相应的公共融资机制，包括发展金融机构、本地商业融资机构、投资者、设备制造商和技术公司。在很多种情形中，对于构建融资能力和投资渠道项目而言，技术支援方案是必需的，也是撬动商业资金的先决条件。

如果能实现以下目标，那么任何规模的公共融资机制均可达到最佳效果：准确地评估技术市场的壁垒和融资市场的条件；对最具吸引力的经济项目进行市场细分；采取纲领性措施来设计融资机制；通过融资中介产业链来培育和加强现有融资能力；制定商业融资参与方的借贷或投资标准；根据完整的角色分析和风险分析来定义项目职责；制定营销和市场整体计划；为公共的或有资金资助的技术辅助项目制订计划，以提高融资能力，弥合差距，承担商业参与方没有承担的角色和风险。

当前的主要问题是特定的公共基金能调动和撬动多少商业融资。据不同类型的公共融资机制运行经验显示，融资撬动率的范围为3:1至15:1。然而，由于上述估算没有考虑公共融资机制的“雪球滚动效应”，所以估算值比较保守，在

“雪球滚动效应”下，公共资金会催生出各种各样的投资，并且产生一个资金市场，即便公共资金停止投入，资金仍然源源不断产生。此外，这些估算代表着项目的融资能力。但是，实际调动的资本取决于银行对该项目融资的规模。其他因素也会影响公共融资机制对资本市场发展的促进作用：①长期效果。融资机制是否以最可靠的技术和最有希望的项目为目标，并最终形成持续的金融市场？②公平性。融资机制是否适合本地的市场条件，其实施方法是否能使社会和经济发展的综合效益最大化？

六、近期内扶持可再生能源推广的优先政策

持续发展的可再生能源市场除了解决环境问题外，还能促进经济发展和创造更多的就业岗位。除固定的市场基础设施外，可再生能源的广泛扩张还需要满足以下要求：①运用恰当的电网技术，根据各种可再生资源的产出和运行特点进行优化部署；②开发和采用国际标准，以减少市场风险。

（一）电网并网接入

有效的配电系统必须保证不同规模和不同地区的需求中心获得不间断的供电。这种配电系统必须使来自不同资源的、各具特色的能源电力组合达到平衡，随着可再生能源发电在发电组合中占据越来越大的份额，如何平衡来自不同能源的电力将变得越来越复杂。目前，中美的非水电可再生能源发电在总发电量中的占比低于2%。美国和欧洲经验表明，在无需储电的情况下，电网运营商可提供20%以上的非水电可再生能源发电（NAS et al.，2010a）。

在对将新技术整合进输配电基础设施的成本进行评估时，必须考虑扩大现有电网规模的成本。在美国，如果只扩大电网的输电规模，那么估算的成本为1880亿美元（2010年现值）。如果只进行电网现代化，那么估算的成本为1120亿美元。如果同时扩大输电规模和实现电网现代化，那么扩大输电规模的成本仍然是1880亿美元，而电网现代化的成本却降到540亿美元（节省了580亿美元）。此外，如果同时扩大配电规模和实现电网现代化，那么经估算可节省2090亿美元（2010年现值）（NAS et al.，2009a）。

可再生能源推广将需求更多的辅助性服务、储能新技术以及其他可配送的资源（如天然气），以维护整个系统的可靠性。这些服务、技术和资源是现代化电

网的全部组成部分（同第六章所述）。一般地说，现代化电网具有以下特征（NETL, 2007）：①为消费者提供需求—管理功能。电网为消费者提供信息使他们能够参与需求响应计划。②提供高质量的电力。系统供电符合工业标准。水电和燃气发电所使用的能源供应便捷，能够弥补风能和太阳能发电的可变性问题。核能或燃煤发电却很难达到这种效果。③具有整合分布式发电容量的能力。整个系统将不同类型的分布式发电和储电装置连接在一起，以辅助大型发电站。

随着风力发电与现有发电系统的逐渐融合，取得了如下认知（VTT, 2009）：①较大的平衡区域有利于更大规模地利用风电时，降低可变性输出。就短期来说，这意味着对储电要求较小。②优化现有输电能力（有时需要更新或扩大现有输电系统），有利于大型风场，并改善系统的平衡服务功能。③使用实时和不断更新的预测值风力发电信息进行整合（图 5-9），有助于减少与预测和计划相关的错误。运行良好的小时预测和每日预测市场建立起来后，能够对产出不稳定的风电厂提供低成本的平衡能源。

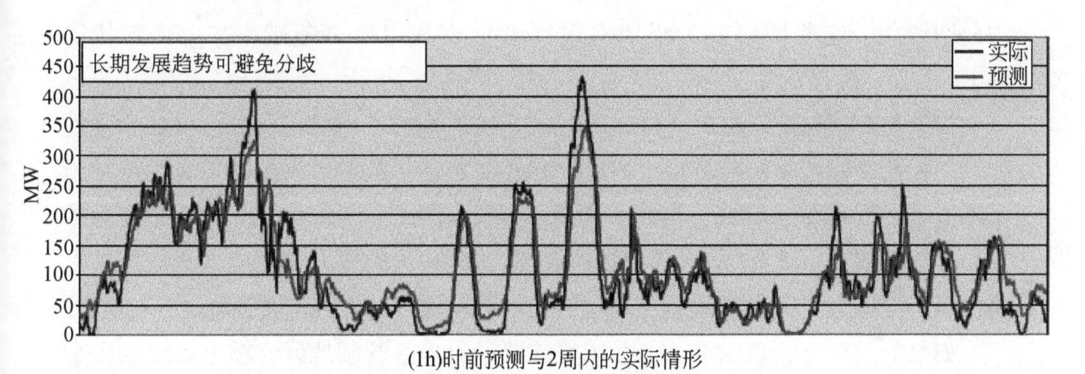

(1h)时前预测与2周内的实际情形

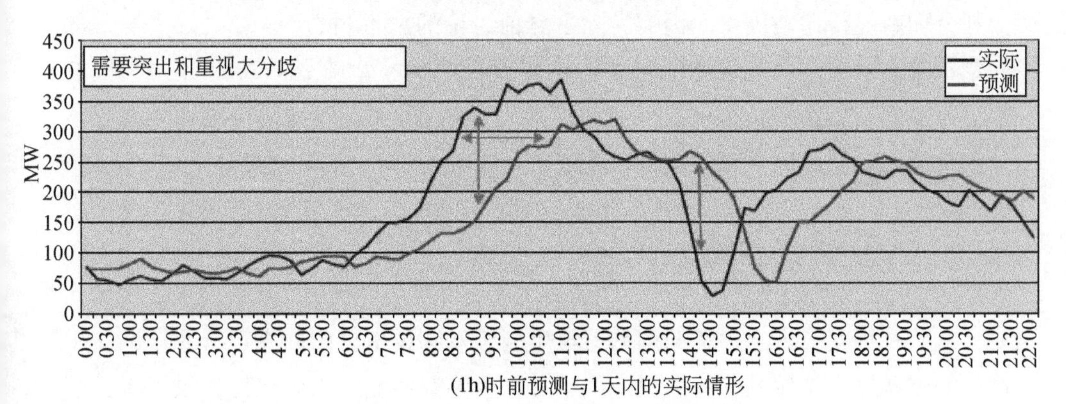

(1h)时前预测与1天内的实际情形

图 5-9　1980 ~ 2008 年中美可再生能源和常规能源的应用

资料来源：EIA，2009

最后，需要新的输电系统来连接具有丰富资源的边远地区。虽然有人认为这妨碍了某些可再生能源的发展，但是美国的某些地区（如加利福尼亚州南部的德哈查比镇）正在建设输电系统，为主要的可再生能源服务。中国青睐于新输电线的高压输电（750 kV 或以上），并已开始建设输电系统，主要服务于西部和西北部的大型可再生发电基地，如甘肃省建设的光伏和风电高压输电线。更有效的输电线，互联电网分担成本和系统灵活性的进步（包括储电），将有助于减少对新输电系统成本的争论。

新输电设施的建设也需要大量的公共和私人资金的投入。在美国，各厂商在资金投入中承担的责任因地区而不同，根据联邦能源管制委员会（FERC）的税收条款进行管理。在美国的一些地区，电力开发商承担全部（或大部分）输电网升级的融资责任，另一些地区要求电力开发商提供电网设备的前期资金，在实现商业化运行后，再予以退回。有时候，公共电网服务机构在是否代表电力开发商对电网设备的成本进行融资时非常谨慎。无论“谁”支付建设输电设备所需的前期费用，这些网络的升级成本最终会形成利用效率基础，并反映在传输率上。

《2005 年能源政策法案》（EPAct）要求美国联邦能源管制委员会出台激励性政策，促使新输电系统基础设施的建设和发展。这些激励政策提高了对规定设施投入的资金回报率；此外，对那些效率不高、出于某种原因必须废弃的输电项目，要收回成本。此外还有一些政策在一些输电项目的融资和发展方面发挥了重要作用，这些项目主要应用于可再生资源的联合输电，非常有前景。

如果要进行远距离输电，如跨国境或要通过一些管制地区，输电系统的资金责任分配就显得比较困难。因而，除了之前讨论的“谁付费”外，“谁受益”的问题也是国家之间、地区之间进行输电建设面临的一大难题。2010 年，美国联邦能源管制委员会发布了一项《立法提案公告》，主要针对地区输电计划和成本分摊等事项，并提出了相应的解决方案。

（二）行业研究和跨国标准

从某种程度上说，中美两国的可再生能源发电技术推广取决于行业标准在生产、安装和操作领域的执行情况。由于可再生能源性能的不确定性，投资者可能不愿意投资可再生能源项目。如果制定和采纳某些技术标准（关于产品性能、生产质量控制和标准电网相互连接），那么推广将可能变得更容易些。由于输电设备缺乏标准，供电市场仍然处于分散状态。这给可再生能源发电技术推广带来许多难题。

根据《2007 年能源独立和安全法案》，美国国家标准技术研究院（NIST）被指定来“协调发展的框架（包括信息管理草案和模拟标准），以实现智能化电网装置和系统的互通性”。美国国家标准技术研究院使用了双管齐下的方法：①各研究小组对电网一体化各个方面的标准进行研究，包括输电和配电，建设电网，业务和政策；②网络安全工作组负责有关资料保密的检查事项。

七、结　　论

中国政府自上而下、由政府主导的能源政策已促进了可再生能源产业的迅速发展。尽管煤炭仍然是中国未来一段时间的主要能源，但是事实表明，中国的可再生能源政策已催生了强大的可再生能源制造业，最近在中国国内市场中得到推广。

中国的中央政府和部分省级政府，以及美国的某些州级政府已确定了可再生能源发电在总电量中的比例目标和具体实施方案。然而，两国的目标值和执行机制各有不同。国家制定“以成果为导向的目标”是中国的政策特点，譬如，规定可再生能源发电量在总发电量中的比例，或者可再生能源电力系统中的国内制造设备的份额。在巨额补贴下，这项政策促使近年来中国的制造能力得到快速增长。美国可再生能源政策的特点是：联邦政府注重特定技术的进步，以市场成果来激励州级可再生能源技术的发展。这项措施成功促使美国可再生能源技术的发展，但在扩大制造能力方面略有逊色。

价格支持是两国最突出的国家级可再生能源政策。在美国，由于暂停补贴，可再生能源产业的投资水平有所下降，表明价格稳定对新兴的可再生能源市场来说是十分重要的，对技术开发和制造能力建设也是如此。美国的补贴主要是减免生产商和消费者的税收。这些补贴有效地促进了某些可再生能源技术的发展。中国的补贴主要采取政府定价的方式，有效地促进了制造业的发展。

两国对某些特定能源（如风能、太阳能等）设定了专门的补贴值。这些补贴值一般受到具体的政策目标和宗旨的影响，并且很难通过供应量的改变影响实际生产成本从而达到调整补贴值的目的。然而，由于当前的能源价格没有包含外部性成本，比如温室气体排放产生的影响，可再生能源的发展受到一定的限制。中国在促进可再生能源装备制造业发展壮大方面，特别是在太阳能光伏市场和逐渐发展起来的风能领域，已经取得了卓有成效的业绩，其中对制造业的税收政策和价格控制是原因之一。

政府能源政策对清洁能源的发展产生重要影响。传统的能源政策、条例和补贴是决定清洁能源项目成功与否和绿色能源目标能否实现的关键因素。美国能源补贴的传统，也是大部分发达国家和发展中经济体的传统（持续存在的模式），通常认为清洁能源在市场中不具成本优势。

以“成果为导向”的激励措施有助于克服两国可再生能源发展中的障碍，并促进清洁能源更加迅速和持续的发展。为使金融激励措施效果最大化，这些激励措施应与其他政策配合使用，以克服市场障碍。此外，每个管辖区应制定金融激励措施，作为国家和区域激励措施和强制性规定的补充。最后，激励措施应留出足够的时间来支持规划、资本形成和施工建设。

近年来，两国已采取不同的步骤，以提高可再生能源发电在整体发电组合中的份额。然而，两国面临的一些挑战需要提请决策人的注意：①将新技术引进竞争性市场存在困难；②需要找到支持长期发展的足够的资金；③引导开展市场研究，使各利益相关者对市场有所了解；④推动政府分担生产和市场转型过程中的创新风险。

其他问题包括大规模制造和安装能力受限，熟练人工的紧缺，将不稳定电力整合进现有电网和电力市场存在困难，价格和性能上难以与传统能源形成竞争，以及存在商业风险和成本等问题。中国还面临着另外一个重要的障碍，那就是必须建立健康有力的供应渠道，才能使可再生能源技术进入市场。

目前，中国在可再生能源发展领域的重点是组建大规模的发电厂，而美国在这方面的重视程度相对较小。除此以外，还应关注社区和用户层面的分布式发电建设，这将对两国的配电系统产生积极影响。随着可再生能源技术的提高，化石燃料和核能发电成本的升高，可再生能源的发电成本很快将与传统能源发电成本持平，无论是批量供电还是直接供给消费者，都是如此。

此外，操作经验也将是一个有价值的工具。通过分享可再生能源发电一体化和管理经验，两国的公共事业及电网运营商必会收益良多。随着市场参与者从新技术中不断获取经验，成本将逐渐下降。将市场信息反馈给其他市场参与者，诸如技术制造人员、安装人员和调试人员等，对降低成本起到关键作用。通过可再生能源技术在相关领域的实施，可以得到项目操作信息，并通过供应链将这些信息进行发布和扩散，两国将受益匪浅。通过建立更多的正式和非正式机制来获得知识和经验，有利于中国的可再生能源发电市场快速发展。此外，随着可再生能源行业在全球的兴起，中美两国可以合作制定或提供各种发电技术的技术规范和标准，以引领国际可再生能源市场。

虽然统一性和扶持性政策有助于两国的行业发展，但就长期来说，可再生能源发电的开发商需要把重点放在与化石燃料的成本竞争上。同时，可再生能源项目的创新性筹资机制有利于开发商解决资本密集产生的困难（资本密集是相对传统的化石燃料发电而言）。在对新的发电项目进行投资评估时，项目开发商应注意到可再生能源发电的低风险特性价值，而化石燃料价格具有不稳定性，未来可能面临对排放管制的威胁。执行可再生能源发电的定价机制能使两国从中得益，而新技术的成本和利益由所有市场参与方共同分担。这些参与方可创建市场机制（如可再生能源信用证）以便消费者参与可再生能源发电市场，同时进一步开发市场机制让所有市场参与方分担电网连接的费用并共享其带来的好处。

八、建　议

1）美国应同步国内的创新活动，针对可再生能源的制造能力展开多机构战略性评估，以确定其是否需要增加生产能力。美国还应考虑对扩大制造基地的规模予以资金支持，以满足当前和近期的扩张需要，通过对过程改进和提高能效进行，建立相应机制，分担私人投资在构建新的制造能力时所面临的风险。此外，公私风险分担计划应被视为将技术从概念落实到生产制造中的一个步骤。

2）中美认证机构，包括政府部门、国际标准组织和行业学会，应加强合作，共同为可再生能源发电技术制定如下技术标准和认证机制：①产品性能和制造质量控制标准；②对分布式的用户侧能源和整体式的中央电站建立联网标准。

3）中国应建立相应的国家设施，以便测试可再生能源发电系统及其部件的性能安全性。例如，测试光伏系统是否符合美国保险商实验室标准，或评估小型风电机组的发电曲线。

4）中美应该增加研究人员和电网操作员之间的交流合作，以提高风电预测能力。良好的气象资料和预测能力可以对现有风电厂的发电量提供出更多更好的资料，有助于将这些风电整合进电网。

第六章　向可持续能源经济转型

可持续能源经济是一种能以合理价格完全满足需求，且将当前化石燃料能源成本无法体现出的外部性效应考虑在内的经济模式（NRC，2010a；Tester et al.，2005）。没有哪一项单一技术，不论是可再生还是不可再生，单独就可以满足以上条件。因此，我们需要制定能源选择组合方案。另外，新技术必须投入社会运用，因此，要提高可再生能源发电在中美两国发电组合方案中的份额，除每千瓦时电力转换效率和价格外，还要考虑其他众多因素。

本章主要讲述将各种技术集成纳入相互关联的能源系统下开展的中美合作。我们也将讨论可再生能源发电的部分“驱动力”，并指出可再生能源发电规模化存在的障碍。这些障碍需要在中期（2020～2035 年）或长期（至 2050 年）得到克服，从而使可再生能源得到大规模利用。

一、迈向集成系统

（一）锁定能源效率和可再生能源目标

在未来 10 年内，能源效率技术将是调节能源需求成本最低的选择（NAS et al.，2009a；2010b），即减少提供预期服务水平所需的能源投入。在部分地区，能源效率的提高可能会延迟或消除对新的电力装机容量的需求（NAS et al.，2010b）。在集成可持续能源经济体系下，能源效率可以抵消清洁能源，主要是可再生能源发电技术所付出的高能源成本。

例如，夏威夷州计划到 2030 年减少其电力消费的 30%，其余 40% 的电力通过可再生能源产生。如果，按照目前的能源消费为 1.43×10^{10}kW·h，2030 年的目标将是每年减少 4.3×10^{9}kW·h 的耗电量，剩余 1×10^{10}kW·h 中的 40% 的电力即 4×10^{9}kW·h 将由可再生能源提供。整合更长期可再生能源目标与能源效率战略相结合能有效提高可再生能源在发电结构中的份额。除非高涨的能源需求问题能够得到解决，否则可再生能源及其他清洁能源选择将会被更高速增长的一次能源需求抵消，中间差额由化石燃料填补。

中国已将能源效率置于国家政策最优先级，以保障能源安全，缓解国内资源压力（特别是用于火力发电的煤炭和水资源），以及在经济增长同时，减少环境影响。中国设定了目标，2005～2010年，能源强度（每单位内生产总值能耗）降低20%。各省市和主要直辖市均被分配20%～30%不等的能耗下降指标。可见，能源效率和节能已经成为中国能源规划和工业发展战略的重中之重。

随着时间的推移，中国已经认识到，在家庭和公司层面提高能源利用效率能带来财政节余。事实上，中国预计在未来十年内，由于提高能源效率而带来的年度节余可能高达1万亿元人民币（1460亿美元）（Lu，2009）。这样一来，再应用新的供电技术（如可再生能源发电）很可能导致高消费价格（NAS et al.，2010a）的未来，能源效率变得尤其重要。换句话说，如果节能技术在近期内能创造成本节余，它们就能充当桥梁，过渡到推广应用成本更高的可再生能源技术。这些技术最终可能会取代传统的化石燃料发电技术。

（二）推进电网现代化

现代化电网已被广泛认为是可持续能源基础设施的一个重要组成部分（见第三章中对技术的探讨包含了电网现代化）。美国、中国的现有电网均被公认为加速可再生能源利用的障碍，原因在于，这些电网需要付出昂贵的代价来更新，以便接受和平衡大规模的变化性输出的可再生能源电力上网，如太阳能和风能等。中美两国均将大量公共投资［在2010年，每项投资金额均超过70亿美元（Zpryme，2010）］投入到下一代电网技术中。中国在新高压输电基础设施的投资是该金额的10倍（经济复苏计划中的700亿美元）（Robins et al.，2009）。另外，由于中国仍需要建立大量电网，有些地区可能实现“大跳跃”，建立起现代电网系统，成为美国电网改造工作的实验基地。

在可再生能源集成方面，现代化电网拥有三个明显优势。首先，现代化电网可以通过错峰需求、可调度需求来错开用电高峰，或利用非高峰的风力发电，从而实现更有效的电力需求管理。其次，现代化电网可以促进分布式发电的推广，而分布式发电又可以实现清洁能源的局部发电和就地发电（如单独给一座楼房发电）。下面将进一步讨论，要将可再生能源直接纳入现有分布式发电系统，必须采用分区制或输电新线路。而分布式发电能在将伴随分区制、输电新线路出现的问题最小化的同时，对可再生能源实现快速部署。最后，现代化电网更容易将储能技术及其他集成技术纳入系统本身，优化系统整体性能。系统还有其他选择，可以抵抗变化性及保持系统可靠性，公用事业单位（电网公司）无需为变化输出的发电储备能源（如为每个风电机组作后备用的电力）。储能同样可以使单位优化现有资源，根据需求调配电力输送，从而提高安装风电机组和其他变化输出发动机及电力输送线路的价值。

（三）分布式发电

可再生能源发电技术的主要优点之一在于它们实行模块化，即如果包括合适的控制系统来维持电压的话，能在现有分布网络内实现小规模电力应用（如单个楼房），也适用于小型离网式发电。由于中国在可再生能源系统方面积累的早期经验主要在于向偏远山区供电，中国已然成为小规模水力发电、太阳能热水、沼气池和风能转换利用的微型风电机组的领跑者。尽管中国城市化进程加快，60%的人口仍在农村。而在这 60% 的人口中，又有很大一部分人口还存在供电困难问题。因此，分布式发电将继续成为农村首选的发电模式，可再生能源发电技术将帮助农村社区利用当地可用的清洁能源进行发电。

目前，中国大多数离网型发电系统都以单一能源为动力，例如风能，但是不包括储能系统。中国维持和建立这种离网型发电系统，就有机会建立混合发电系统，利用多种能源，优化电力生产；将能源储存能力纳入系统；发展合适的控制系统来维持发电的可靠性。赋予其独有特征（包括持续的国家、国际方面的投资），离网型发电系统比并网型发电系统（受限于现行电价和可能出现的电网垮塌）更适合作为混合发电系统和能源储存技术的试验场。

太阳能技术是分布式发电的很好选择。在太阳能热水器的制造和利用方面，中国是世界领跑者。与燃气热水器相比，太阳能热水器成本更低。这些技术不是用来发电，但是借助于家庭或者个人消费者层面的激励式应用模式可以用于鼓励家庭利用屋顶光伏系统。在美国，公用事业单位开展各种活动项目（如净计量政策），鼓励用户安装屋顶光伏系统。最近，城市管理服务部门直接与商业、工业场地联系，租赁其屋顶和露天场地，用以安装屋顶光伏系统。这样，处于气候温暖地带的电力公司就能满足电力高峰需求，而不需要另建高成本的天然气峰值负荷电厂。中国是热电联产技术领域的领跑者，尽管目前的热电联产系统主要还是以煤炭、燃气为动力。发展以可再生能源的发电及供热联产系统是未来研究的一个方向。它能为建筑物规模或邻里尺度提供供热、制冷和提供电力服务。燃料电池也已经用于热电联产，可以利用可再生燃料，太阳能技术是热电联产的另一个合适的选择。

分布式发电在向可持续能源基础设施转换过程中发挥重要作用。首先，它为电力公司创造机会，使其能够将新的可再生能源纳入系统，而无需面对分区制所带来的问题，为电力公司提供一个全新的发展空间。其次，由于电力生产和电力负荷极其接近，这就可能降低某些可再生能源成本，如运输成本和输电线路损失。比如，现在的中国，由于煤炭远距离运输成本高，沿海地区电价相对较高。最后，分布式发电使得电力系统更具弹性。这是电力公司工作人员和消费者所共同期待的。这些有赖于特别的技术和地方分布式电网的特性。分布式系统的每千瓦时电的成本通常比中央式电站或集合式可再生能源供电更加昂贵。但是这跟现有的基础设施、零售电价和其他因素紧密相关。最终的成本和可靠性将决定分布式可再生能源发电和储能，以及相对于化石燃料的替代或现有的输变电网络的应用。

（四）电动交通运输体系

美国和中国均有志于采用电动车减少机动车有害尾气排放，在日益壮大的车辆制造市场赢得竞争优势，缓解对石油的依赖。电气化交通运输系统还能降低由燃料价格变动带来的不稳定性。虽然零售电价仍会因不同时段、不同总需求量及其他因素而上下波动，生产更多国内能源可以降低对进口石油及其复杂的全球价值链的依赖带来的风险。

在综合的可持续能源经济中，电气化交通运输系统具有明显优势。尽管从车辆到网络的储能在现在的电动车、电池及电网基础设施来说还不能实现。一个电动车网络可以作为一个分布式储能系统，理顺一些能源资源的变化性输出；充分利用风能，风能在夜间更强，大约是平时的两倍，正好是许多车辆可能正在充电的时间。

众多研究表明，突破性技术，如可再生能源发电，未必要按进化路径发展。它们可能还未取代现有技术，就已经占据新市场了。不论在美国还是中国，实现运输系统电气化涉及私家车（如纯电动和插入式混合电动车）、公共交通车辆及其他运输模式（如电动自行车，在中国城市已被广泛选用），这将为发电行业创造潜在的也是巨大的市场。而电动车带来的电力需求引起的可靠性问题及成本大幅提高的问题依赖于充电管理体系。因此，通过发展电价及充电模式来鼓励电动车在系统优化情况下充电就十分重要。否则，电动车将带来额外的峰值负荷，增加对基础设施的负担，从而增加了总的成本。

实现美国现有交通运输基础设施电气化，要面对无数经济、技术挑战（NRC，2010c）。实现中国大规模的及快速发展的交通基础设施电气化也不例外。然而，除交通电气化外，还有其他选择，如内燃机和氢燃料电池。因此，未来更可能出现交通运输技术的多样化组合（NRC，2008，2010c），而不是全电动化的运输系统。一份美国国家研究理事会（NRC，2010c）研究报告预计，到2030年，在美国3亿车辆大军中，纯电动和插入式混合电动车就可达1300万～4000万辆。同时，应用纯电动和插入式混合电动车主要依靠电池成本（尽管为了减少电网阻塞，利用非峰值发电及出于对其他因素的考虑，车辆夜间充电将变得越来越重要。），其他因素包括政府激励政策，油价和环境法规等也很大程度影响PE-Vs的应用。

Huo等（2010）指出，虽然电动车，在内燃机排放的尾气成为主要空气污染物的城镇，有助于提高那里（也就是局部和地区）的空气质量，在没有采取对应措施减少发电行业对大气造成污染的情况下，中国广泛使用电动车辆仍可能在无意中产生环境影响。然而，作者建议，中国应在拥有清洁、低碳能源资源丰富区域推行电气化项目；另外，虽然由于现有资本周期相对较长，电力行业改革要明显滞后于交通运输行业的变化，电力行业和交通运输行业的政策应相互协调。他们认为，同时改革这两大行业将使人类健康和环境受益。

（五）城市发展

在美国，城市人口占到80%以上。美国城市大约占全国能源消费的75%，当然美国城市也是几乎相同份额温室气体排放量的主要源头（Grimm et al.，2008）。目前，中国有5亿城市居民，而且数字还在不断加大。城市是建筑物及其配套基础设施的聚集地，而建成环境，作为材料和能源的主要消费者，为我们提供众多节约机会（WRI，2005）。因此，努力解决城市需求问题能大大推进可持续能源经济的形成。

过去，传统的能源利用效应主要是从区域规模和全球规模来衡量的。将来，地方层面上将会有很多减少能源消费影响的机会，部分是通过纳入可再生能源，（NAE et al.，2007）。除担心人为因素带来的气候变化外，城市还要考虑到空气质量、高涨的能源成本、交通拥挤及其他至少能通过可持续能源战略能部分解决的问题。

以科技为基础的解决方案对于改变这种现状固然重要，但是人们的行为变化也是改进的主要力量之一，而城市就是促成变化的催化剂。城市已经通过各种政策寻求变化，如购买可再生能源，保障激励机制的公平公正，制定法律法规，鼓励私营企业发展可再生能源，以及出台用地政策。所有这些，都将影响到城市能源现状。

在中国，日照是一个众多有利因素汇集的典型城市。这里，地方政府和省政府给予财政拨款，支持太阳能研究和开发；当地企业充分利用该激励机制；领导也致力于新能源技术的部署。这个拥有300万居民的中国北方城市，利用太阳能技术实现了本市几乎所有的供热（暖气和热水）和大部分的户外照明（Bai，2007）。在美国，奥斯丁、得克萨斯州、伯克利、加利福尼亚州、麦迪逊州和威斯康星州等地也开展了积极的可再生能源项目、出台政策和建立激励机制，大大推进可再生能源的发展。美国能源部制定了美国太阳城计划，现正与各市政府合作，努力推进城市可再生能源的发展。

另外，各城市也都做好准备，对公众普及可持续能源利用教育。这种公众教育能为当地战略争取更多支持，同时也能给国家和政府官员施加压力，督促他们采取政策，推广可持续能源的利用。通过发展可持续能源工程，我们能看到发展可持续能源的可行与否、成本高低及其利弊（IEA，2009）、研究表明，城际交流对于传播发展清洁能源系统知识非常重要（Campbell，2009）。因此，在向可持续能源经济的过渡进程中，成功经验的系统性总结和积累会极其有效。

二、转变能源系统

技术与社会之间的关系，也就是所谓的社会技术系统（Emery and Trist，1960），对于推动可再生能源技术的发展具有重要启示作用。尽管可再生能源相关技术已取得很大进展，研究表明能源系统变化总体上还是一个“缓慢、痛苦和极其不确定的过程”（Jacobsson and Johnson，2000）。只有整个社会运用并接受了能改变现状的技术，才会取得实质性的转变。

可再生能源高成本（如发电技术所需资金、需要新的输电线路，以及每千瓦时价格）经常被视为阻碍其发展的因素，还经常被用来与燃煤基本负荷发电做比较。对于中国和美国，水力发电，和最近的风力发电及地热发电，都一样是最具经济性的可再生能源发电。在中国，生物质发电比煤炭发电成本要高出20%，而太阳能发电则高达数倍。对此，我们寄望于美国和中国政府的公共及私人研究和社会在转变能源系统中的作用。

（一）形成清洁能源市场

单独的市场机制并不能转变现行的能源系统，技术解决方案也不足以转变现行能源市场，除非这些技术解决方案被人们接受并纳入整个社会。可以说，美国和中国面临的一个基本挑战就是：由于过去国家对化石燃料的补贴和其大量的国内储备，公众还继续期待获得“廉价”能源。这就将所有不成熟技术置于不利之地了（Weiss and Bonvillian，2009）。

1. 能源价格干预

政府对能源价格进行干预，其理论依据在于：商家是基于能源的市场价格作出决策的，而这种市场价格可能并没有将环境损害、气候变化、能源安全及其他外部性效应带来的成本包括在内（NRC，2010a）。结果，大多数商家不采用高社会效益技术，他们认为，采用高社会效益技术个人回报太低。对此，最主要的调整机制，或者说为清洁能源选择（包括能源效率）创造一个平等局面的方法就是征收直接能源税，采用排污交易和温室气体总量限制与补贴计划，以及发放针对性补贴（或减少对其他能源的补贴）。所有这些调整机制均不同程度地影响到可再生能源在市场上的推广。

能源税：征收能源税在于设立价格信号，让企业自行选择减少能源消耗的方式。能源税能影响到现行设备和系统的使用，也能激励企业采用新技术，追求运营效率。能源税传达这样一个清晰、透明的政策信息：征收额外成本的目的在于实现社会目标。然而，公众对能源税的反响并不确定，对需求的价格弹性（价格变化与需求变化之间的比例）经验估计量也不够精确，无法预测最终的能源节约量。

能源税不会为技术发展提供足够的激励，尤其是面对为了提供重要激励机制而征收相当高额税收所带来的政治难题的时候。另外，即使现有工厂和设备所有者减少能源消耗，能源税收立即创造了节能，在技术和车辆投资过程中，还是会带来其他未曾预测到的费用，增加了公平争议。这些争议可以通过按计划逐步引入税收来解决。

总量及交易系统：自 2010 年 7 月起，美国国会考虑起用“总量及交易”系统，将温室气体排放量最高数额限定在预定范围内，并发放一系列与最高排放量等值的排放许可。国家控制实体，如电力公司和石油炼厂每排放一吨二氧化碳须上交一张排放许可。由于排放许可可交易，想增加产量而由此排放出额外二氧化碳和温室气体的实体，可以向愿意出售许可的排放许可持有者购买排放许可权。排放许可的市场价格体现在生产成本中，最终由消费者承担。在某些行业，排放许可价格与能源税起到相同的作用。

针对性补贴：在整治能源行业市场失调方面，中国和美国均有先例——二氧化硫污染（NAE et al.，2007）。美国采用针对性的技术解决方案（主要是二氧化硫洗涤器和燃料转换），强制减少排放量。中国也正借鉴使用该方案。

补贴，不论是对可再生能源电价的直接支持，还是通过减少对其他发电形式补贴的间接支持，都是另一种价格工具。美国联邦政府已经利用补贴影响价格。在过去七年当中，2002～2009年，美国政府对化石燃料的补贴高达720亿美元，对可再生能源的补贴为290亿美元（ELI，2009）。补贴额度差别固然非常重要，但是正如第四章所述，补贴另一个关键在于补贴的长期一致性。如果这样的话，补贴的一致性或缺乏一致性加大了不同补贴间的差距。很多对化石燃料的大量补贴均被纳入美国税收法规，而对可再生能源的补贴仅仅是临时性措施。而且，在对可再生能源的补贴中，大约有一半是对以玉米为原料的乙醇的补贴。

在对煤炭、电力和石油的补贴方面，中国有过类似的经历。中央政府调节所有能源价格，而这些补贴则是对中国高能耗的重工业的间接支持，同时，也是调整消费物价上涨的手段之一。在2008年，有些价格控制有所松弛，但正如美国所经历的那样，中国坚持这种补贴对可再生能源非常不利。

2. 将清洁能源推向主流

很多可再生能源技术很难具有较强竞争力，主要原因却在于非技术性因素。比如，风电场发展的延迟是由于审美考虑，而变废为能装置则因为环境不公正问题而受到反对。历史上，输电工程的选址和建设曾引起很大的公众和政治性反对。主要是为可再生能源发电而建的新输电工程，又再次引起公众争议。

可再生能源发电要在发电总量中占据相当大的份额，电力行业应渗入到美国和中国的主流能源市场。然而，到目前为止，可再生能源也还仅仅是个小行业。通过持续稳定地增加市场份额，它可能取得主流市场地位。与此同时，在美国和中国的一些支持团体、专业学会和行业协会正试图推进这一进程。他们召集团体、传播信息、游说政策决策者，有时还开展研发工作（如美国的电力研究院）

在美国，每一种主要的可再生能源发电都成立自己的贸易组织，拥有成千上万会员。在中国，两个最大的行业协会分别是中国风能协会及其上属机构——中国可再生能源行业协会。美国可再生能源理事会成立于2001年，现有付费会员近100万。最近，实行一个美中计划，促进两国行业领导之间的之间交流。虽然，这些组织机构带来的影响很难估算，但它们的快速增多足以说明可再生能源正逐步成为这两个国家的市场主流。

（二）加强创新

1. 美国

可再生能源的创新常与能源价格相联系（Weiss and Bonvillian，2009）。在美国，能源研发在很大程度上受现行石油价格的影响（以及对能源效率和替代能源创新的需求）。美国联邦能源研发经费的缩减是有完备文件记载的（Dooley，2008；Kammen and Nemet，2005；Margolis and Kammen，1999）。Dooley（2008）指出自20世纪90年代中期起，能源研发经费仅占联邦研发经费的1%。Margolis and Kammen（1999）表示20世纪70年代后期爆发能源危机，以及自1980年起实行的能源研发经费缩减，将不利于能源行业创新能力的提高。

美国联邦政府对清洁能源研发的投资引起众多评论，评论使得美国又加大投资，每年达到150亿~300亿美元不等（Duderstadt et al.，2009；Kammen and Nemet，2005；Nemet and Kammen，2007）。如，2009年，在美国能源部颁发的《美国复苏与再投资法案》中，一次性投入研发经费预算高达95亿美元。而且，预算金额分别由国防（约37%）、基础科学（约42%）和能源（约21%）共同分摊。其中，应用能源2010年度的研发经费为22.7亿美元（AAAS，2010）。总体上，对可再生能源的研究投资并不足以支持大量低成本可再生能源的利用（NRC，2000；NSB，2009）。

公共和私人研发倾向于注重已经商业化或即将商业化可再生能源技术的改进。政府支持也向特定技术倾斜，注重比如沿成本瓦特曲线改进风电机组。由于太阳能极其丰富，在突破性新技术方面，它被认为是最有前景的可再生能源（Lewis and Nocera，2006）。

然而，对于任何已经商业化或即将加速应用的技术来说，处在计划阶段的其他技术可能成为“游戏规则的改变者”，因为这些技术能开拓出一条通往高成本效率清洁能源的不同道路。现有技术将继续得到改进，为此，政府和私营企业也将继续向应用研究领域投资。与此同时，研发工作也将转向为可持续能源设定长期目标，这一点同样非常重要（NSB，2009）。

在美国，创新越来越受产学合作关系的影响，而产学合作关系又往往源自政府政策，并受其影响。在研发领域内建立公私合作关系，目的在于解决旨在将科学创新商业化的企业间的融资差距问题；而政府支持此类研发的原因在于社会回报率（社会效益）高于个人回报率（个别公司所受物质利益）（Shipp and Stanley，2009）。以上是自 20 世纪 70 年代以来，指导美国政府对可再生能源技术投资的潜在原则。

政府投资将继续转向建立公私合作关系，权衡其他资源关系（财政，知识及其他），加快创新步伐。2009 年，美国能源部向 46 所能源前沿研究中心提供支持，为基础能源科学的合作研究拨出 1 亿美元（在刺激资金中剧增了 2.77 亿美元）。美国能源部还成立了技术商业化基金，支持多个国家实验室和私营企业的合作，不断推进雏形发展。对于这些“研究后、预创业资金”项目，国家实验室向任何支持技术应用的私营企业合作伙伴提供配套基金。

国家可再生能源实验室是美国研发可再生能源和能源效率的主要实验室，旨在加速清洁能源技术的商业化发展。为了进一步实现目标，美国国家可再生能源实验室设立了清洁能源企业家中心，教育企业员工商业化事宜；还设立了风险资本家顾问委员会，为实验室提供相关咨询服务，确定额外资本，并成立新公司（NREL，2010）。与此同时，美国国家可再生能源实验室还加入太阳能技术研究中心（SolarTAC），这是一个研究、展示、测试、检测与市场密切相关太阳能产品和服务的合作中心。

作为《站在风暴之上》（NAS et al.，2007）报告的一部分，研究委员会发现，在进行长期性、高风险但也高回报的有关新能源技术部署的研究、发展和创新方面，政府或行业严重缺乏相应机制。因此，委员会决定：设立“高级研究计划署—能源部”（仿效成功的美国国防部高级研究计划局）对建立“能开拓国家、经济发展新道路的转换研究”基地至关重要。在委员会看来，高级研究计划署—能源部是对国家能源研发组合机制的补充，而不是替代。

因此，2007 年，高级研究计划署—能源部获得授权，并在 2009 年首次获得 4 亿美元的预算经费。高级研究计划署—能源部的目标在于通过明确可以帮助减少美国能源进口，削减与能源相关的温室气体排放量，提高能源行业效率的技术，加强美国经济安全。虽然，高级研究计划署—能源部将会间接支持传统能源研究，其更注重高（市场）风险、高回报理念，确保美国在发展、部署先进能源技术方面，始终保持技术和经济领跑者地位。

2. 中国

近几年来，中国在提高总体创新能力，尤其是提高可再生能源和替代能源技术方面，取得了长足进展。对清洁能源研发投资也在逐年增加，特别是在战略性领域，如高压输电。一系列政策也相继出台，使得中国成为在这些技术领域内的全球领跑者（Tan and Gang，2009）。然而，在创新能力上，中国还有许多地方有待改进，在建立全面创新系统，将基础研究能力与注重技术商业化和应用的企业相结合方面，尤为突出。

相对而言，中国的研究机构与私营企业联系较少。但是，从与公司和成立新公司的研究机构订立合作合同的大学院校看来，这种模式正在改变。中国财政部出台众多政策，鼓励私营企业，通过建立合作关系，投资创新领域；中国教育部也为大学院校提供激励，将其研究成果转变为实际产品（Tan and Gang，2009）。某些中国国立研究机构（如中国科学院广州能源研究所和大连中国科学院-BP研究所）也致力于实现技术商业化，与其一贯只注重研究的状况截然不同。如果中国未来发展要依靠国内或自主创新，中国必须继续投入建设创新系统的各个方面。

据有关数据显示，中国目前的创新系统主要有以下特点：投资不足，资源分配不均，以及研发项目太少等（Mu，2007）。仅仅略高于研发经费支出总额的6%是用于基础研究；产业研发环节薄弱（在产出方面）；研究机构之间普遍缺乏整合，政府机构之间缺乏协调，学术、企业之间缺乏链接（Fang，2008）。虽然，中国公司成功改进了在可再生能源技术领域国外发展的创新技术，特别是在大规模制造产品和降低成本方面。他们在国内研究能力方面并不能发挥杠杆作用。由于越来越多的跨国公司将其研发中心设在中国，从长远来看，这可能对中国产生影响。但目前，中国并未表示其已做好成为创新、高科技产业（如可再生能源产业）领跑者的准备。

为了解决这些问题，中国政府实行两个计划，旨在推动中国成为高科技领跑者——国家高技术研究发展计划（863 计划）和国家重点基础研究发展计划（973 计划）。前者注重国家高科技发展和示范，后者主要支持基础研究。两个计划均由中国科学技术部负责执行，成为国家重点建设项目。因此，在“十一五”（2006 - 2010 年）规划中，可再生能源技术成为四大能源相关领域的重点之一。然而，与其他能源相比，可再生能源研发资金并不多：在 863 计划中，每年拨给可再生能源技术的研发经费为 2900 万元人民币（约 450 万美元），而拨给氢能与燃料电池技术的研发经费却高达 7500 万元人民币（约 1150 万美元）（MOST, 2006）。

973 计划目前主要针对可再生能源应用的相关领域，如电网现代化和上网规模的可再生能源发展等。资金也被调拨到相关项目，如中国科学院太阳能行动计划，用以研究上网规模为 50 ~ 100MW 太阳能热电厂的技术和设备。同样地，只有一小部分资源（1998 ~ 2008 年，为期 10 年，共约 1.43 亿美元）被用于能源研究。

《2006 年国家中长期科学和技术发展规划》确定了政府在决定中国 2020 年前研发方向中的核心地位（MOST, 2006）。利用政府干预促进创新，对于像中国这样一个缺乏长期建立研发设施的国家来说，是至关重要的（Tan and Gang, 2009）。中国科学技术部已经出台各种政策，鼓励更多私营企业投资研发，包括税收优惠政策（如提高企业研发费用的折扣政策）和知识产权保护等。知识产权保护采用整体方法，包括建立知识产权保护法律体系，设定技术标准，以及积极参加国际标准的制定。

最后，2007 年下半年，中国科学技术部与国家发展和改革委员会共同制定了《新能源与可再生能源国际科技合作计划》，界定国际合作在太阳能发电集成、生物燃料发电、生物电源发电和风能发电领域的重要项目。合作方法采用由美国国家科学基金会理事会向国家科学基金会提出的建议，加强与发展中国家的合作，鼓励使用可持续能源技术（NSB, 2009）。接下来，美国和中国达成共识，成立中美清洁能源研究中心。该中心预计在 2010 年开始投入运行，将为两国未来 5 年在清洁煤炭、建筑能效和清洁车辆方面，提供 1.5 亿美元的共同研究经费。

三、前景预测

当然，对于美国和中国未来能源的预测始终充满着不确定性。两国均采用“能源—经济模型”分析不同能源情景——在美国，政府预测由能源部能源信息署提供；在中国，则由国家发展和改革委员会能源研究所提供。虽然，预测的情况并不是未来真实情况的写照，但这些预测对于研究不同政策对两国研究和开发的经费比例和产业计划的投资的影响就极有帮助（Holmes et al., 2009; NRC, 2009a）。以下部分主要讨论整体经济参考情况，由美国能源部能源信息署提供（至 2035 年）；如果可用，还有由中国国家发展和改革委员会提供的参考情况（至

2050年）。在这一部分，我们还将探讨一些雄心勃勃的技术预测。这些预测也许不能为我们指明前进的道路，但作为一个整体，它能告诉我们离目标还有多远。

（一）政府预测

美国能源部能源信息署最新预测（图6-1和图6-2）表明，在未来20年内，美国可再生能源在能源供应中的份额将翻倍，到2030年，约为14%（DOE，2009）。美国能源部能源信息署预测，至2030年，生物燃料将取得最大发展，而太阳能或光伏能源是发展最快的能源。而中国官方预测（常称为目标，而不是强制性），前景更雄心勃勃。中国预言，至2050年，可再生能源可以满足30%以上能源需求；至2010年，水能及其他可再生能源一起应满足中国10%的能源需求，而到2020年，将提高到15%~20%；至2050年，非水能的可再生能源逐渐成为主导能源，它们将满足26%~43%的能源需求（NDRC and ERI，2009）。美国能源部能源信息署预测延至2035年，但没有超出2035年，然而，目前管理机构明确设定目标：至2050年，温室气体排放量减少83%。

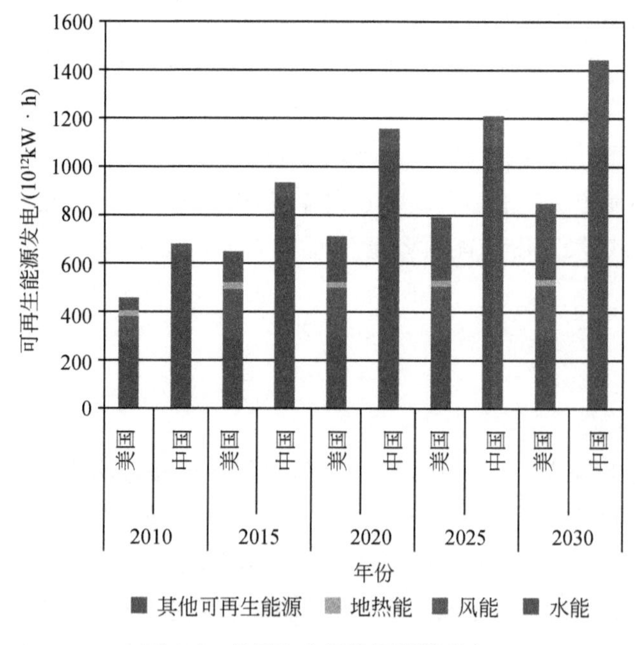

图6-1 美国和中国发展预测对比

资料来源：美方数据来自AEO，2010；中方数据来自AEO，2009

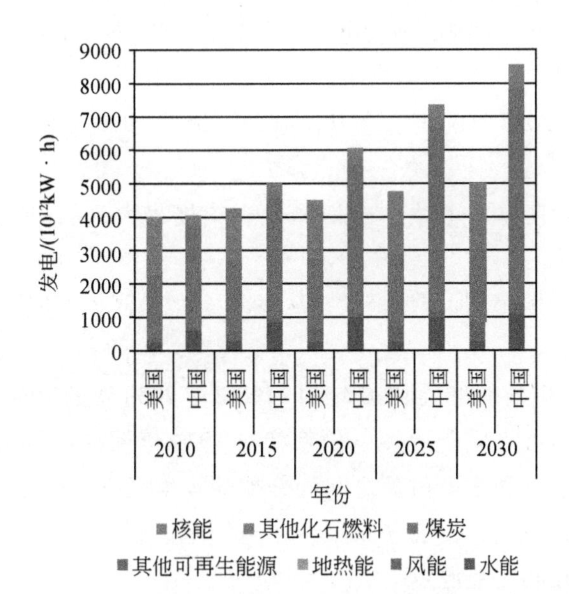

图 6-2 美中发展预测对比（包括传统能源）

资料来源：美方数据来自 AEO，2010；中方数据来自 AEO，2009

最近美国能源部能源信息署分析材料体现了，美国在过去 40 年、未来几十年至 2030 年电力能源方面的有趣情况（表 6-1）。

表 6-1 主要能源的电力生产统计：历史与预测

年份		1970 年	1990 年	2007 年	2020 年	2030 年
发电量 /10^6kW	煤炭	704.4	1 594.0	2 020.6	2 197.6	2 310.8
	石油	184.2	126.6	65.7	49.0	50.2
	天然气	372.9	372.8	893.2	714.3	976.4
	核能	21.8	576.9	806.5	876.3	890.1
	传统水能	251.0	292.9	248.3	298.7	299.9
	其他（包括其他可再生能源）	0.9	78.4	132.2	437.2	527.1
总量		1 535.1	3 041.5	4 166.5	4 573.3	5 054.5
比例 /%	煤炭	45.9	52.4	48.5	48.1	45.7
	石油	12.0	4.2	1.6	1.1	1.0
	天然气	24.3	12.3	21.4	15.6	19.3
	核能	1.4	19.0	19.4	19.2	17.6
	传统水能	16.3	9.6	6.0	6.5	5.9
	其他（包括其他可再生能源）	0.1	2.6	3.2	9.6	10.4

资料来源：EIA，2007；AEO，2009，and MISI

1）煤炭继续成为美国电力发电的主要燃料。以千瓦计算，以煤炭为燃料的电力生产计划在1970～2030年内至少增加3倍，由原来的7040亿kW增至2.3万亿kW。然而，2030年的煤电发电份额却预测与1970年的基本保持一致——略少于46%。

2）石油发电在总发电量中的份额减少幅度最大，从1970年的12%降至2030年的1%左右。

3）核能发电份额增加幅度最大，从1970年的略高于1%剧增至2030年的略低于18%。

4）天然气发电份额将从1970年的24%降至2030年的19%。

5）2030年的可再生能源发电份额将与1970年保持一致——略高于16%。然而，不同可再生能源发电份额之间的分配却发生了巨大变化。在1970年，几乎所有可再生能源均来自传统（大型）水电设施；而到2030年，这些水电设施仅贡献约1/3的可再生能源发电。

而中国国家发展和改革委员会能源研究所预测情景与此稍有不同，它是以政府设立的目标为基础形成的。由于中国采用中央规划方法，国家发展和改革委员会能源研究所预测同时为具体可再生能源行业的发展起到发展的作用，至少是导向功能。相反地，美国能源部能源信息署是在能源信息和数据基础上，提供独立、公正的分析。美国能源部及其附属实验室进行独立分析，包括对具体技术的前景预测（如DOE，2008a）。美国国家可再生能源实验室为企业提供可再生能源技术发展路线图，明确了技术商业化的成本、时间进度，以及实现这些目标所需政策等。但美国目前并没有官方正式发展路线图，这些路线图可以授权所需资金和政策，协助实现具体目标。2010年6月，美国国会审批通过了《2009年太阳能技术发展路线图法案》。

中国国家发展和改革委员会能源研究所预测分为短期（至2010年），中期（至2020年），长期（至2030年）以及“远景”（至2050年）。图6-3阐明至2050年实现的可再生能源目标。图6-4和图6-5表明风能和太阳能光伏技术发展路线图，并附以间歇性目标。中国科学院在2007年做了一份报告，报告评估了中国如何从依赖化石燃料、能源集约型基础设施转向清洁、可持续能源系统。该报告假定，即使核能、传统水能及可再生能源发展加速，至2050年，煤炭仍能提供全国42%的一次能源供应。然而，市场可能转型，低排放量能源和国内生产能源将更受欢迎（CAS，2007）。根据这种情景预测，通过加大投入，降低太阳能转换、纤维素转换生物衍生燃料以及储能成本，可再生能源将可以满足近

25%的一次能源需求。

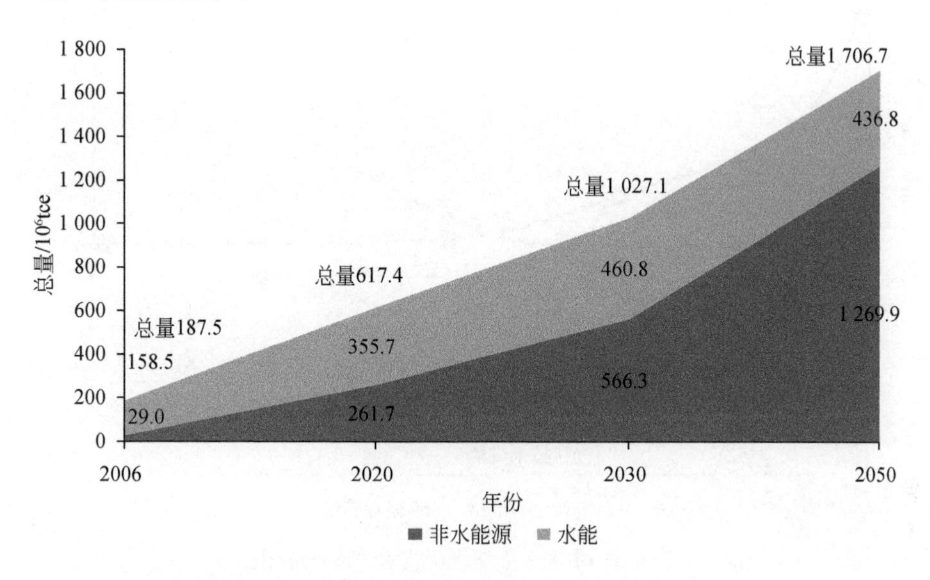

图 6-3 中国可再生能源目标

资料来源：ERI，2009

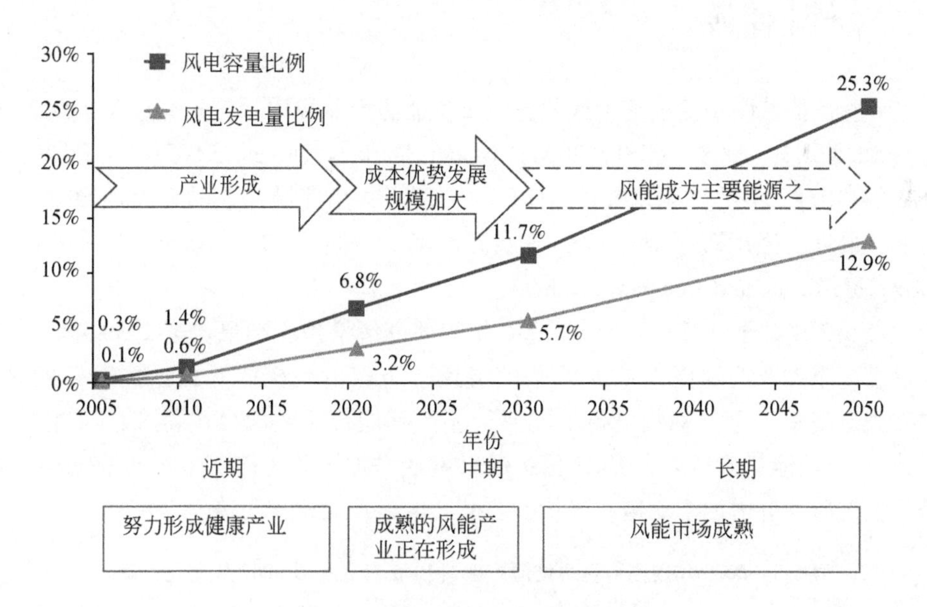

图 6-4 中国风能技术发展路线图

资料来源：ERI，2009

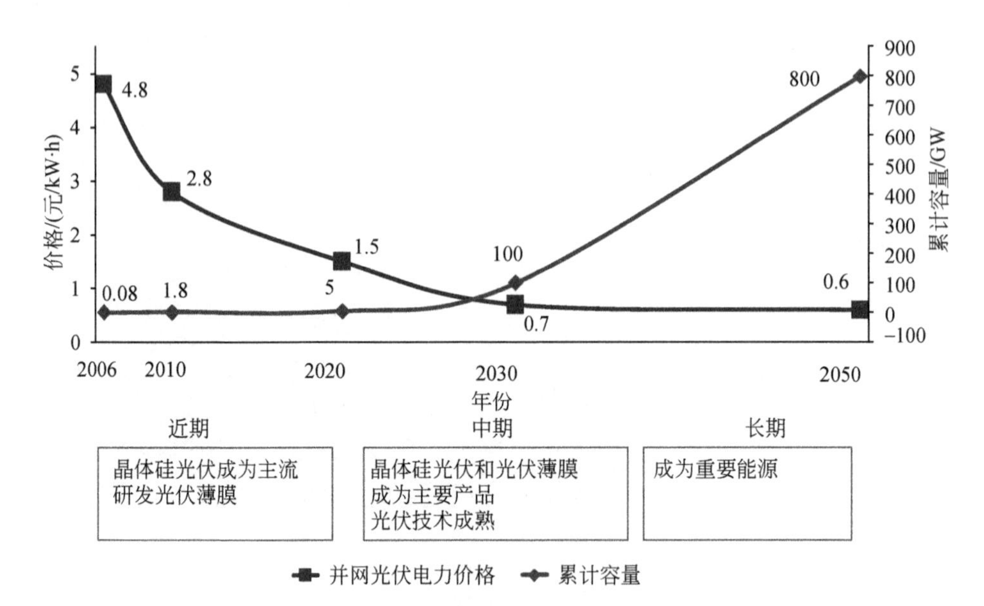

图 6-5　中国太阳能光伏技术发展路线图

资料来源：ERI，2009

（二）产业评估

一些评估试图预测出整个或部分可再生能源产业规模。美国有过关于此类研究（如 ASES，2008；MISI，2008；Global Markets Direct，2009；NCI，2010；PEW，2010），但委员会并未看到任何对中国可再生能源产业的全面性预测。事实上，最近已经出现了对中国部分能源市场的分析（如 Carberry and Hancock，2009；McKinsey and Company，2009）。

表 6-2 总结了 ASES/MISI 对 2030 年的部分情景预测结果。至 2030 年，“先进情景”下的产业规模大约为“基础情景”下产业规模的 6 倍。更重要的是，在“先进情景”下，某些可再生能源行业比其他行业发展得快得多：风能增加了约 16 倍；地热能增加了 13.7 倍；燃料电池增加了 8.7 倍；生物柴油增加了 6 倍；生物质发电增加了 5 倍；光伏和乙醇发电增长均超过 3 倍。

表 6-2　2030 年美国可再生能源产业（10 亿美元：以 2007 年美元计算）

工业部门	基础情景	适度情景	先进情景
风能	5.6	22	89
光伏	13.5	27	45

续表

工业部门		基础情景	适度情景	先进情景
光热		0.2	0.9	29
水能		4.8	5.1	6.8
地热能		2.9	8.2	40
生物质能	乙醇	22.6	45	82
	生物柴油	1.3	2.7	7.6
	生物能源	32.3	68	160
燃料电池		5.2	14.1	45
氢		4.1	12.2	36
总量（私人产业）		92.5	205.2	540.4
联邦政府		0.8	1	2.8
能源部实验室		2.3	2.6	7.8
州和地方政府		1.5	2.2	5.7
总量（政府）		4.6	5.8	16.3
贸易和专业协会 与 非政府组织		0.8	1.5	3.6
总量（所有部门）		97.8	212.5	560.3

资料来源：Management Information Services Inc. and American Solar Energy Society，2008

表6-3及图6-6表明，“基础情景”和“先进情景”提供了截然不同的就业机会。在数量上区别最大的是在乙醇、生物质发电和风能行业。而在百分比增加上区别最大的则在光热、地热能和风能行业。

表6-3　2030年美国可再生能源带动的就业

工业部门		基础情景	适度情景	先进情景
风能		66 200	257 000	1 040 000
光伏		206 000	415 000	700 000
光热		3 800	17 000	540 000
水能		22 400	24 200	32 300
地热能		29 000	85 000	415 000
生物质能	乙醇	530 000	1 050 000	2 000 000
	生物柴油	25 100	56 900	160 000
	生物能源	282 000	603 000	1 420 000

续表

工业部门	基础情景	适度情景	先进情景
燃料电池	68 600	158 000	505 000
氢	47 200	143 000	420 000
总量（私人产业）	1 280 300	2 809 000	7 232 300
联邦政府	3 000	3 100	8 550
能源部实验室	11 000	12 300	36 100
州和地方政府	7 000	11 800	29 400
总量（政府）	21 000	27 200	74 050
贸易和专业协会 与 非政府组织	4 700	9 400	21 300
总量（所有部门）	1 305 400	2 845 700	7 327 650

资料来源：Management Information Services，Inc. and American Solar Energy Society，2008

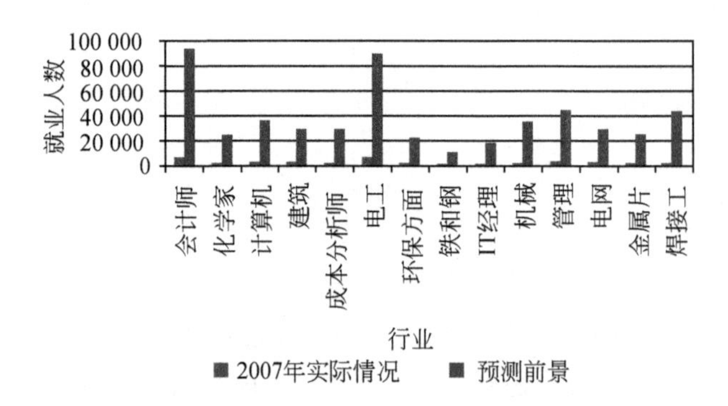

图 6-6　美国 2030 年预测的可再生能源创造就业情况与 2007 年实际就业情况的对比（总就业量—选定职业）

资料来源：MISI，2008；ASES，2008

（三）延迟造成的高成本

在 ASES 和 MISI 提出的整体激进情景中，2008 年对 2030 年可再生能源或电力能源产业的预测目标明显低于 2007 年所作的预测：

1）预测 2030 年可再生能源实际收入将缩减 10% 左右（550 亿美元）。

2）预测 2030 年可再生能源产业所需就业总量将减少 8% 左右（59. 1 万个就业岗位）。

3）2030 年电力能源实际收入将减少 8% 左右（3170 亿美元）。

4）2030年可再生能源产业创造的就业总量将减少7%左右（230万就业岗位）。

由于实行和增加所有可再生能源或电力能源措施需要好几年时间，在目标年——2030年的前几年，应用收益将最大。因此，项目早期延迟仅仅一年就能给未来应用带来严重损失。2007年整体预测前景的前提是：在2008年初，众多雄心勃勃的大规模联邦、州及地方政府激励、政策和指令均开始执行。然而，这并未能实现，2008年预测不得不将执行时间推至2009年。就这一年时间的延迟，就造成2007年和2008年预测前景之间的巨大差别。我们能从中吸取教训：美国（或中国或任何其他国家）越拖延可再生能源项目的执行，越难实现2030年的设定目标——或其他任何目标年目标。

上述情况同样适用于中国国家发展和改革委员会发展路线图，中国国家发展和改革委员会路线图以2030年到2050年能源产业快速增长为基础。如果2020年到2030年的前期目标未能实现，这些计划项目将会缩减。每次年初延迟（如2008年、2009年及2010年）都会给长期目标的实现带来严重的、不成比例的负面影响。可见，时间很重要。若在随后几年内延误时间，将很难弥补。

四、结　　论

在现有设施及经济地位方面，我们都不应低估美国和中国能源系统的规模和多样性。转变现有化石燃料燃烧模型，建立低碳能源设施，不仅需要能源、技术行业的参与，还需要其他各方积极参与。没有哪一个单一因素，能推动任何国家形成可持续能源经济；也没有哪一项单一技术，可再生或不可再生，能独立完全满足发电需求。

持续满足电力需求是发展可再生能源发电的重要驱动力，但不是唯一驱动力。前方所面临的复杂、系统挑战将包括各方利弊和一些失误。可再生能源发电设备的制造、应用和运行将成为经济增长的新支柱。在这方面，目前中国比美国拥有更多机会。

由于两国均向可再生能源技术集成发展，美中两国将有机会在一些领域内开展合作，产生中、长期影响。合作可能不直接针对可再生能源发电技术，而更注重建立可持续能源经济的“引擎”。内容可能包括：①发展中的城市区域，最大限度利用好可再生能源；②发展电气化交通运输基础设施，支持基于车辆的能源储存、资源优化及无排放绿色能源驱动的交通运输。成功项目将被视为实验，美国和中国应记载、分析该成功项目，并支持其他城市开展类似项目。了解主要着力点对实行可持续发展战略非常重要，评估成功项目的成本、利益及能源利用带来的影响，对当地决策者也非常有价值。

中国可以借鉴美国及其他地区的先例，并从中受益。但随着国际审查的增加，中国减排的时间表将继续被缩短。中国正努力在快速减少温室气体排放量的同时，实现约10%的年均经济增长率。在任何情况下，美国和中国都将长期受益于在构建未来可持续能源经济的基础工作中所取得的任何进展。其他国家也能从中学到如何推动本国可持续能源经济基础设施的发展。对于两国而言，任何应用延迟均将推迟2030年及其后部分清洁能源和减排目标的实现。

在美国，清洁能源研究在众多政府和学术机构进行。而美国国家能源实验室负责将所有这些研究纳入一个紧密的国家概况。在中国，国家能源局、科学技术部及其他部门建立一系列国家研究中心和实验室，研究可再生能源行业。基于可再生能源的地理分布特点，有必要建立一个附属研究机构的分布式网络。然而，中国可以通过建立专门机构，负责协调可再生能源领域的各项研究活动，从而调节现有研究基础设施，避免重复研究。

虽然，美中两国最近都加大对能源研发的投资，但投资还远远不够。这将使得实现2050年及其后的目标变得相当困难。对清洁能源的研究、发展和部署进行持续、长期的公共投资能向私营企业传达一个清晰信号：政府决定改变。这应该能调节应用研究和商业化领域的产业投资。

五、建　　议

中国应在可再生能源和其他相关领域，对研究中心及其研究能力进行一次全国范围内的调查。根据评审能力，有些研究中心因其主要研究能力突出，被指定为技术中心。可行办法之一是整合现有实体，建立一个研究机构，附属于国家能源局，主要负责研究可再生能源行业。新建研究机构不需要是所有技术的优秀中心，但应该是所有技术的集成中心，对从资源基地到技术商业化的研发流程都非常熟悉。新建研究机构也还应该是资本设备投资中心，没有它，个体研究中心的成本将过高。

第七章 中美合作

中美在可再生能源方面的合作及推广有两大益处。首先，合作能扩大项目推广规模（避免温室气体排放可产生直接效益）。其次，通过可再生能源推广各个阶段（研发、制造、推广、运行及维修）的相互学习和合作，能够降低成本。同时，中美双方能够通过两国利益相关方在新能源产业方面的合作促进两国的相互信任以及信息的共享。然而，中美合作至今还很有限，不尽一致。在这一章，专家委员会回顾了中美在能源和气候变化方面开展的合作，介绍了由胡锦涛主席和奥巴马总统领导的两国在能源与气候国际讨论的合作新纪元，同时还展望了未来几年中美合作的发展前景。

一、可再生能源合作基础

中国和美国都应充分利用其可再生资源。从国际角度看，气候变化成为利用可再生资源的驱动因素之一。要减少能源领域的温室气体排放，中美两国主要有三项选择：①减少燃煤发电的温室气体排放；②提高能源效率，加强节能措施；③开发可再生能源及其他低碳能源。几十年来，两国通过政府和非政府渠道，在以上三个领域不断展开合作。然而，由于面临严峻的气候挑战，两国需进一步促进并加强合作。

虽然，其他国家在可再生能源的开发和推广领域领先一步，但未来几年，中美两国都有望成为发展可再生能源的最大市场。2008 年，两国已成为世界上最大的风能发电市场（其中，2009 年中国装机增加容量超过美国），并预计近几年两国将继续保持其市场地位。虽然在太阳能推广方面美国领先于中国，但中国主导太阳能光伏生产。最近，中国政府发出信号，表明要在国内推广太阳能技术的使用。

中国和美国将携手并进，引领世界走向可持续能源的未来世界。作为减缓因人类活动引起的气候变化的重要手段，可再生能源技术的全球推广离不开世界两大能源经济体的引领。中美两国正努力扩大可再生能源的开发和推广，两国间更多更好的合作能加速可再生能源的发展。

二、可再生能源合作概况

一直以来，中国和美国就通过政府渠道、大学院校及非政府组织，开展可再生能源技术、政策的双边合作。本章以下篇幅将简单介绍两国曾经开展的和正在进展中的合作项目（附录 A 全面列载了两国在能源和气候变化领域的正式合作）。

（一）正式双边合作

1979 年，美国能源部与中国国家发展计划委员会（现国家发展和改革委员会）签署了关于双边能源协议的谅解备忘录；该备忘录促成 19 项传统能源和可再生能源的合作。在近 20 年后的 1995 年，美国能源部先后与各政府机构签署不同的双边协议，例如：与中国农业部签署可再生能源协议，与国家科技委员会签署可再生能源技术开发协议；与国家计划委员会签署协议，测绘中国可再生能源资源，并为美国在中国的可再生能源项目拟定融资战略（此协议还涉及中美两国进出口银行）。

1995 ~ 1996 年，美国能源部与中国多个部门先后签署了《能源效率和可再生能源技术开发利用合作协议》。该协议包括七个附则：政策、农村能源（与农业部签署）、大型风力系统（与国家电力部门签署）、农村混合发电系统、可再生能源业务开发（与国家经济贸易委员会签署）、地热能、能源效率（与国家计划委员会签署）以及混合电动汽车开发。

1997 年 3 月，美国副总统戈尔与当时中国国务院总理李鹏在北京共同主持召开了首届中美环境与发展论坛。论坛的目的是加强中美在可持续发展领域，尤其是保护全球环境的合作与对话。同年，江泽民主席访问美国。其间，美国能源部与中国国家计划委员会签署《能源与环境合作项目》，协议更注重在能源与环境科学、技术和贸易交叉领域的合作，也是中美环境与发展论坛的延伸。具体合作领域包括城市空气质量、农村电气化、清洁能源及能源效率。该合作项目涉及许多政府机构和商业部门，或许是首次将能源发展与环境保护相结合的中美合作项目。

第二届中美能源与发展论坛于 1999 年 4 月在华盛顿特区召开，由副总统戈尔和朱镕基总理共同主持。此次论坛签署了关于可再生能源的两大重要协议：①签署1亿美元清洁能源项目谅解备忘录，加速美国的清洁技术在能源效率、可再生能源及减少污染方面在中国的推广。由美国进出口银行、美国能源部、中国发展银行和中国发展计划委员会负责推广工作；②清洁空气和清洁能源技术合作意向声明，旨在提高工业燃煤锅炉的能源效率、发展清洁能源技术、高效电机及风力并网发电技术的推广。

2006年，美国国务院首先倡议《亚太清洁发展与气候伙伴计划》，伙伴国包括美国、中国、印度、日本、韩国、澳大利亚和加拿大；并为具体行业设立了包括可再生能源和分布式发电在内的公立和私立工作团队。多项可再生能源项目宣布成立。据报道，项目涉及来自美国和中国的多个公立和私立部门，包括：由澳大利亚公司主导的太阳能光伏聚光器示范项目；由美国国家可再生能源实验室和美国桑迪亚国家实验室主导的中美太阳能组件的可靠性及质量控制技术交流；由美国和中国燃料电池公司开展的燃料电池合作研发；由中国上海汽车工业集团和通用汽车公司共同开展的燃料电池车项目；以及由澳大利亚和美国研究机构开展的，对可再生能源的利用监管障碍方面的分析。

同年，中国副总理吴仪和美国财政部部长亨利·鲍尔森设立了中美战略经济对话。对话参与者包括美国能源部、美国环保局以及中国国家发展和改革委员会与科学技术部。中美战略经济对话是内阁层面的双轨（能源与环境）对话，每年开展两次。2009年4月，中美战略经济对话被更名为中美战略与经济对话，由美国国务院和财政部担任共同主持，其战略组成部分已转至由美国国务院负责，其内容包括关于中美能源和气候变化合作的讨论。于2009年7月第一次会议期间，美国财政部部长蒂莫西·弗朗兹·盖特纳和美国国务卿希拉里·罗德姆·克林顿分别会见了“对话”的联名主席中国国务院委员戴秉国（关于战略方针）和副总理王岐山（关于经济方针）。

2007年，美国农业部、美国能源部与中国国家发展和改革委员会签署了《关于生物燃料发展合作的谅解备忘录》。该备忘录鼓励在以下几个领域展开合作：生物质和原料生产和可持续性、生物燃料转换技术和工程、生物产品开发及标准和农村农业发展战略。

2008年，第四届中美战略与经济对话签署了《中美能源和环境合作十年框架》。框架签署者包括美国的能源部、财政部、国务院、商务部、环保局、中国国家发展和改革委员会、国家林业局、国家能源局、财政部、环境保护部、科学技术部和外交部。该框架在以下五大功能性领域分别成立合作工作团队：①清洁能源效率、安全电力生产和输送；②清洁水；③清洁空气；④清洁、高效运输；⑤森林、湿地生态系统保护。

2009 年 7 月，在美国能源部部长朱棣文访华期间，奥巴马政府首次宣布美中能源合作。中国科学技术部部长万钢和国家能源局局长张国宝与朱棣文部长签署了一项协议，协议计划建立中美清洁能源研究中心，通过组建中美科学家和工程师团队，以支持两国清洁能源联合研发工作，并充当两国研究人员的交流场所。研究中心需在两国设立总部，重点研究方向包括建筑节能，清洁煤炭（包括碳捕获和储存）以及清洁车辆。在 7 月会议上，美国和中国答应各自投入 1500 万美元支持活动的开展。随后在 2010 年 9 月，美国能源部宣布由美国密西根大学和西弗吉尼亚大学分别领导清洁汽车和清洁煤技术研究中心。

2009 年 11 月，中美首脑峰会在北京召开。两国在能源和气候合作方面达成重要共识。首先，峰会正式公布成立上述的中美清洁能源研究中心。其次，两国首脑宣布启动中美电动汽车行动，行动包括建立共同标准，在十几个城市进行示范项目，研究技术路线图并开展公共教育；行动还促成中美电动汽车论坛于 2009 年 9 月在北京举行。最后，两国领导人发布中美能效行动计划。该计划包括节能建筑规范和评估系统的开发，节能工业设施基准测试的发展，工业设施建筑检查员和节能审计员的培训，测试程序的协调以及节能消费品性能指标的开发，节能标签最佳做法的交流以及每年两国轮流主持召开中美能源效率论坛。

此次首脑会议还建立新的中美可再生能源伙伴关系。根据美国能源部透露，“在拥有现代化电网情况下，两国领导人都期望能共同努力，实现可再生能源的大规模扩展，包括风能、太阳能和高级生物燃料这一远大目标”。另外，“两国领导人认为，在中美联合市场的共同作用下，两国加速发展的可再生能源将大大降低这些技术在全球范围内的成本”。两国并未对可再生能源伙伴关系的筹资水平做具体说明。

可再生能源伙伴关系列载诸多项目，包括：

1）可再生能源发展路线图规划：制定中美发展路线图广泛发展可再生能源，为实现该目标，确定所需政策和财政工具，电网基础设施以及技术解决方案。

2）区域发展方案：中美两国土地面积辽阔、呈多样地理特征，因此，可再生能源发展需要采用特定区域方案。中美可再生能源伙伴关系能为两国各州和各区域提供技术及研究资源，为广泛发展可再生能源提供支持，并建立州对州和区对区的伙伴关系，共享成功经验。

3）电网现代化：扩大两国可再生能源生产规模需要实现电网现代化，并采用新的输电线路和智能电网技术。中美可再生能源伙伴将包括一个由两国决策者、管理者、产业领导者和社会公众组成的先进电网工作组，共同制定两国电网现代化方略。

4）先进可再生能源技术：美国和中国将在先进生物燃料、太阳能、风能以及电网等领域开展技术研发合作，并共同努力展示研究阶段的可再生能源解决方案。

5）公共与私营部门的参与：通过一年一度并在两国相继召开的中美可再生能源论坛，中美能源伙伴关系可促使私营企业参与可再生能源的开发并扩大双边贸易和投资。另外，由美国领先的清洁能源公司新成立的公私伙伴关系：中美能源合作项目，也将支持中美能源伙伴关系的工作。

2009 年 11 月，中美首脑峰会发布的其他通告有："21 世纪煤炭"协议，以促进煤炭清洁使用的合作，其中包括大规模碳捕获和封存示范项目；页岩气合作行动及中美能源合作项目。这些项目将调动私营行业的资源，用来在中国开发范围广泛的清洁能源项目。该项目的创始成员包括超过 20 家公司，合作项目涉及可再生能源、智能电网、清洁运输、绿色建筑、清洁煤炭、综合供热发电以及能源效率等。

（二）非政府间合作

除正式政府间的可再生能源合作外，学术和研究机构间、非政府组织、民间基金会以及私营企业之间也开展了众多合作项目。比如，美国能源基金会在北京开展了中国可持续能源项目。可持续能源项目支持中国可再生能源政策，鼓励电力公司和独立发电厂商通过购买可再生能源来降低成本，并加速可再生能源技术的采用。可持续能源项目同时鼓励制定、执行可再生能源政策，以此设立国家级、省级可再生能源发展的总体目标，包括：强制性市场份额项目、公共利益收费、风电特许权项目以及可再生能源价格规定（包括最近的风电电价补偿）。可持续能源项目与其他国内和国际非政府组织以及利益相关方也曾为 2005 年可再生能源法律的立法过程提供建议，并在 2009 年重新审查可再生能源法，并做出修订。

中美两国私营企业间已经建立众多非政府合作伙伴关系，其中包括美国可再生能源理事会的中美项目。项目通过将两国可再生能源技术公司连在一起，帮助美国和中国实行可再生能源方案。其他非政府论坛包括中美两国高校合作项目，如清华大学—麻省理工低碳能源研究中心；公私合作伙伴关系，如美中清洁能源论坛；区域、地区合作伙伴关系，如中美清洁能源合作举行的市长培训项目。

中国科学院是中国在自然科学方面的领导性学术机构，是国家在科学技术方面的主要咨询机构，是国家自然科学和高科技领域的研发中心。最近几年，中国科学院先后与美国政府研究机构签署了关于清洁能源方面的谅解备忘录，包括一份由中国科学院电气工程研究所和美国国家可再生能源研究室共同签署的关于太阳能光伏测量和标准化的谅解备忘录，以及另一份由中国科学院能源和电力中心与美国国家能源技术实验室和西北太平洋国家实验室共同签署关于化石能源的谅解备忘录。该谅解备忘录主要在先进气化、合成气转换、碳捕获、能源储存和能源利用方面进行合作。

2008 年 6 月，中国工程院与美国国家工程院签署了工程和技术科学合作协议。该协议内容广泛，涉及众多学科和产业，包括进行考察访问，实现学术交流；执行探索任务，促进共同研究；共同举办研讨会和学习班，以及通过信息、研究出版刊物进行广泛交流。

三、合 作 障 碍

从上文可看出，成功的合作行动在各个层面已经展开或计划开展。然而，即使有财政资源支持，合作项目从政府协议到实际行动还将面临更多挑战。正式官方渠道虽然不是合作的唯一路径，却非常重要，它能通过向合作方提供资助来影响非政府参与者之间的合作关系。

（一）政策和财政支持

中国和美国在清洁能源和气候变化方面达成的正式双边协议可以列一张长长的清单（附录 A）。两国政府都详细记载了协议内容及签署官员的信息，但关于项目结果的信息却不容易得到。除了少数例外，连项目绩效的官方账户也未提供。

除此之外，每个项目的筹资水平也鲜为人知，通常是因为没有可靠的资金后盾支持谅解备忘录或项目本身，或缺乏足够的政治动力贯彻始终。结果，众人有理由怀疑政府签署的双边合作协议，在个别情况下，这将有可能导致合作双方的不信任，至少未来的协议他们将不愿再签署。

2009 年签署的美中清洁能源和气候变化双边协议比其他任何一年都多，而且大部分协议是由两国首脑签署的，这表明协议得到国家最高层次的政治支持。不管怎样，协议的成败只能由其结果裁定，而结果又取决于协议能否获得足够资源以确保其顺利执行。截至 2010 年初，许多协议实施的细节问题还未解决，但协议明显有严重的资金限制。如新中美清洁能源中心和可再生能源伙伴关系的协议依赖于两国执行国内行动的现有资金来源，而不是两国合作项目的额外资金来源。如果合作项目得不到新的资金支持，已开展的行动怎样对拟议的新行动造成新的推动也不明确，项目能否产生意义深远的影响，就不得而知了。

（二）多边环境下的双边讨论

从政策角度看，2009 年是中美清洁能源和气候变化合作很成功的一年。新年伊始，美国智囊班子和非政府组织出版了许多发展路线图，呼吁加强中美在这些重要领域内的合作。同时，奥巴马总统似乎也对此做出回应，在 2009 年 11 月访华期间，签订了一系列双边协议。

就在丹麦哥本哈根《联合国气候变化框架公约》缔约方第十五次会议和《京都议定书》缔约方第五次会议的几天之前，作为两大温室气体排放国，美国和中国作为谈判焦点，在 2009 年 12 月初签署这些协议并不是偶然，而世界其他国家也期待 194 个国家能否签订一份国际公约，解决气候变化问题。

气候变化于中美两国均是敏感话题，在哥本哈根大会之前，得益于双边高层会晤，围绕气候变化双方签署了一系列协议，中美在气候变化问题上的关系较为稳定。

虽然中美直接双边约定不能代替两国参与的多边协定，但是双边合作伙伴关系可能是促成其国际对话的关键。通过联合工程项目和欧盟（包括 192 个成员国）以外的行动，双边论坛能为其承诺的具体示范项目提供发展机会。

气候变化讨论重新定义了清洁能源合作，并能带来颇有成效的技术探讨。但在哥本哈根大会上，当其他国家加入到谈判中，双边协议——甚至是双边讨论——对各国谈判似乎毫无意义。以至于甚至是技术性质的问题，如关于测量和报告各国国内温室气体排放清单的讨论都充满政治色彩。

（三）成为合作性竞争对手的挑战

中国和美国通常被称为“合作性竞争对手”，从基础研究到商业合资，两国在众多领域内的合作正日益增加。与此同时，中美在资源、人才以及经济市场方面的竞争也日益激烈。不过，竞争同样能推动技术创新和低碳经济的发展。所以，虽然合作对清洁能源的开发非常重要，竞争却能促进创新、加快发展。在不向任何一方提供非公平竞争优势的情况下，如果认真对待两国在清洁能源上的合作，两国将改善各自的经济前景。最近的一系列事件表明，两国可以加强合作，共同开发清洁能源市场。

例如，在 2009 年秋季，位于美国德克萨斯州西部的风电场开发商与中国风电机组制造商——沈阳动力集团宣布签订合约，由沈阳动力集团向德克萨斯州西部的风电场开发商提供 2. 5MW 的风电机组涡轮。本公告立刻引起人们的关注，特别是美国国会议员。他们担心，中国将与美国国内的风电产业形成竞争，尤其是中国政府一直试图通过税收抵免政策和其他绿色就业政策来推动该产业的发展。中国曾有项长期政策要求：安装在中国的风电机组必须由中国制造。后来，美国商务部部长骆家辉请求中国取消该政策，中国答应了美国的请求，与此同时也为美国风电制造商打开了中国市场。美国德克萨斯州西部的风电场大约就在此时发展起来的。面对公众关心的问题，沈阳动力集团母公司——第一能源集团作出回应，宣布他们将与美国可再生能源集团合作，在美国建立风电机组制造厂（Burnham，2009；Pasternak，2009；Smith，2009）。另一家中国风电机组制造商，金风公司也宣布打算制造风电机组涡轮并为美国生产提供风电机组配件。其他几个中国风电机组涡轮制造公司在与美国风能科技公司合作中大大受益，包括美国超导公司与中国领先企业华锐风电和东方电气的合作。

虽然双方都已做出让步，但由美国钢铁工人联合会组成的美国贸易代表在呈请书第 301 条中声称：中国的绿色科技与实践违反了世界贸易组织规则，此声明增加了两国的紧张局势。这种紧张局势解释了中美两国迫切需要就双方共同关注的问题寻找解决途径，国际交易冲突才可避免。

中美两国应能够获得最先进、成本最低的风电涡轮技术，两国都应该通过鼓励国内和国际市场的良性竞争来制造此先进的风电涡轮。当然，建立起信任基础还需要时间，但从长远来看，这种信任将成为扩大中美清洁能源合作规模的关键。最终，全世界都将受益于此。

四、扩大合作机会

扩大中美可再生能源合作应注重以下几个方面：①基础研究；②联合战略研

究；③联合研发；④联合技术示范；⑤分享政策执行的最佳做法。这几个合作领域在随后部分将做具体阐释。属于下列讨论类别的具体合作建议在前面的章节中有介绍。

（一）基础研究

基础研究是两国合作的重要内容之一，并有助于未来可再生能源技术的突破。尽管应用研究领域有许多合作机会，但通过基础科学研究，许多可再生能源技术的基础知识将得到大大改进。另外，基础研究对于新技术的发现也同样重要。只要有足够的太阳能资源以及新材料和加工技术的突破，太阳能转换领域的合作研究将从中受益。

由于很多基础性研究课题没有确定商业价值，在分享知识产权方面通常不存在很多竞争，因此，合作性基础研究更容易出成果。在确定技术的商业价值之前，提出承诺并分享联合研发所得的知识产权是鼓励创新的方法之一，且优于竞争。美国国家实验室与中国国家研究机构，以及两国高校是进行基础性研究的最佳伙伴。

（二）联合战略研究

联合战略研究可以影响中美两国的政治决策。特别是情景分析和技术发展路线图的研究能有效阐明发展远景，并为推动可再生能源利用提供理论依据。例如，由美国能源部开展的名为“2030 年 20% 的情景分析”的研究，将美国置于大力发展风能并提高其能源份额的情景之中，这种情景分析能够成功帮助决策者预见未来风能发展的障碍和益处。中国也已开展类似的研究，如果将国家五年计划作为研究时间节点纳入到情景研究中，研究成果也将产生深远影响。中美两国正面临着可再生能源技术发展的技术与政策的挑战，通过目前正在进行的战略研究，中美都可从中受益。

（三）联合研究与开发

通过讨论，两国在先进的可再生能源技术的联合研究与开发已达成共识。虽然开展联合研究与开发能给两国带来巨大利益，但成本也是巨大的。联合研究与开发的潜在利益包括掌握由世界顶尖科学家和工程师开发的最新、先进、商业化之前的可再生能源知识。而潜在机会成本也可能伴随由联合研究与开发产生的知识、信息，甚至知识产权的分享而显现。

中美清洁能源研究中心在2009年11月的计划中宣布：通过组建中国和美国的科学家、工程师团队，来赞助清洁能源技术的联合研发，中美清洁能源研究中心将作为研究成果交流中心，帮助两国研究人员获取信息。研究成本将由两国平分，这一做法赢得了两国赞誉，也可能成为未来合作的典范。另外，成本平分更容易实现知识、产品输出的分享。

（四）联合技术示范

联合技术示范项目成本通常很高，但它可以为预商用技术提供运行经验。对项目开发商和能够实现产品商业化的国家来说，涉及各国的成本分摊策略对项目参与者都有益。应用于燃煤电厂的碳捕获与封存技术通常被认为是一项适合于联合技术示范项目的清洁能源技术——这项技术对于使用者而言成本昂贵，但却能减少有害气体的排放，使所有人受益。

在可再生能源领域，也有一些预商用太阳能技术适合联合示范，包括太阳热能集中发电技术和聚光式太阳能热发电技术。通过继续开展大规模太阳能热发电联合技术示范，美国和中国均能从中学到许多。能源储存技术也属于类似大规模、资金密集型技术，因此也适用于技术示范。

然而，联合技术示范项目并没有被纳入2009年底发布的美中合作协议中。虽然间接提到联合碳捕获与封存项目，但双方没有做出具体承诺或宣布具体工程内容。

（五）政策执行最佳实践分享

可再生能源政策执行的最佳实践分享是国际合作的重要领域。中美两国都能从发展可再生能源政策的成功及不成功经验中获得益处。很多时候，往往可以通过跨国界信息交流来避免重复出现的决策的失误。例如，最近中国风电厂的业绩不佳主要由于采用了基于装机容量的刺激机制，而没有采用以千瓦时计算的发电激励机制。而早期美国加利福尼亚风电厂也遇到过类似的问题。20世纪80年代初期，该电厂采用了基于装机容量的税收抵免政策，导致了许多风电厂从未并入输送电网。

可再生能源政策制定方面的学术文献越来越多。作为相对较晚采用激励机制的国家，中国几乎完全仿效其他国家成功的可再生能源支持机制。虽然美国较早就在政府层面支持可再生能源发展，但最近联邦政府支持有所减少，而州级层面的政府支持处于领先位置。美国各州和中国各省的可再生资源分布及利用结构均不同，在协调州级、省市的可再生能源政策及目标方面，美中两国面临类似的挑战。

五、结　　论

未来几年可再生能源对于中国和美国而言将变得越来越重要。作为两大可再生能源技术市场，两国的决策将影响到世界可再生能源技术的利用。因此，不论对于双方还是整个世界，中美可再生能源合作都至关重要。

通过中美领导人对两国能源和气候合作综合方案框架的确立，两国的可再生能源合作应在总体框架的协调下进行。2009 年中美清洁能源合作协议也许提供了此框架，但要马上看到协议成效还为时过早。协议的成效将最终取决于两国承诺对彼此的合作优先权、提供的资金资助以及合作的可持续性。中美可再生能源合作能为中美关系奠定良好基础，使中美合作成为世界上最重要的双边关系。在未来几十年，美国和中国将成为全球两大可再生能源发展的主要市场，推广可再生能源技术将给两国带来共同挑战，因此中美可成为克服这些挑战的天然盟友。可持续合作方案的失败可能导致中美两国因可再生能源产业的竞争所产生的紧张局势，并引起国际贸易争端。

在可再生能源领域，美国需要向中国学习，就如同中国应借鉴美国的经验一样。中国作为一个有能力实现快速项目选址，并使工程有规模开展的国家，能为可再生能源的初期推广提供重要平台，从而能够为制定政策、降低成本提供经验，并使可再生能源技术最终能在全球范围内推广。此外，没有中美两国的低碳经济转型，全球气候变化所产生的影响也将不能得到解决。因此，中美可再生能源合作对于解决全球气候变化问题至关重要。

虽然基础研究领域频繁出现国际合作，但要维持应用研究、开发和示范领域的合作却有挑战性。现正进行的美中对话为双方合作提供了基本框架，但两国急需政府间、学术机构间以及私营企业间的合作来营造一个鼓励技术创新、实现技术商业化的环境。虽然最高级别政府面应规划强制性合作框架，但无论合作框架的参与者是否来自中央级别、省级/州级或者地方一级，还是来自政府、非政府组织或私营部门，最好的协议执行者是两国的公众与各级机构。现今许多最具成效的双边合作拥有了区域和地方各级的伙伴关系，应通过更高一级的指令来鼓励和培育此类合作项目。

目前，双边研究项目是通过研究机构间特定研究安排来获得成效。通过设定合作平台来突出合作重点，以及分享研究成果，可以拟定协调性更强的双边议程，并有利于两国的能源研究事业。中美计划建立的清洁能源研究中心为管理来自两国的各级团体提供了此类合作模式，从而各级团体，如政府、学术界、商界和非政府机构的参与者可以围绕由两国政府共同识别的迫切问题展开相关研究。

2009 年 11 月，中美首脑峰会在北京召开。会议期间，两国达成了一系列关于能源、气候合作的新协定。如果协定能有效执行，可以作为加强可再生能源合作的平台。提议的可再生能源伙伴关系包括众多工程项目，且能将本报告提议的议案囊括在内。项目包括制定技术发展路线图、部署推广方案、次级国家伙伴关系、电网现代化、先进技术研发以及公私参与等。如果成立公共和私营部门论坛，长年进行沟通交流，这种伙伴关系运行模式将非常有效。除此之外，论坛还能协调双方参与者，促成建立新伙伴关系；论坛也能充当项目信息、项目筹资以及投资机遇等的信息交流中心。

现有的伙伴关系还不曾涉及一些重要的研究领域，包括先进可再生能源技术开发和示范，但应成为未来合作的主题。次级国家合作应进一步基于各国资源概况为两国的州省合作创造条件，共同努力加快实现可再生能源目标（如科罗拉多州—青海省合作项目，以及夏威夷州—海南省合作项目）。另外，由两国政府赞助的人员交换计划，将促进可再生能源开发和电网集成领域的有组织的项目学习，增强未来两国间的互相理解和信任。计划内容包括研究人员、电网及电厂操作员分别到对方国家进行短期学习和访问。

六、建　　议

1）必须有稳定筹资渠道作为后盾来确保现有中美伙伴关系得到充分利用。中美专家在现有合作项目之外，应该开展更多合作活动，同时扶持更多次级国家合作来处理现有问题。

2）中国和美国应为两国的正式能源双边合作项目建立综合基地。其中应包括：①为可再生能源技术带来突破的基础研究；②能为政策提供咨询意见的联合战略研究；③在先进可再生能源技术领域的联合研发；④预商用技术的联合示范；⑤分享两国在可再生能源政策的执行、规划、运营和管理的最佳做法。

参考文献

Alsema E A. 2000. Energy pay-back time and CO_2 emissions of PV systems. Prog. Photovolt. Res. Appl. , 8: 17-25.

Alsema E A, M J de Wild-Scholten. 2006. Environmental impacts of crystalline silicon photovoltaic module production. the 13th CIRP Intern. Conf. on Life Cycle Engineering. Leuven.

Anderson Roger N. 2004. The Distributed Storage-Generation "Smart" Electric Grid of the Future. In Final Proceedings of the Pew Center/NCEP Workshop on The 10-50 Solution: Technologies and Policies for a Low-Carbon Future workshop proceedings. http: //www. pewclimate. org/docUploads/10-50_Anderson_120604_120713. pdf.

Application flow sheet of chemicals for texture preparation of polysilicon wafers. It was supplied by a plant producing polysilicon solar cells in China.

Asia Society and Pew Center on Global Climate Change. 2009. Common Challenge, Collaborative Response: A Roadmap for U. S. -China Cooperation on Energy and Climate Change. Produced by the Pew Center on Global Climate Change and Asia Society's Center on U. S. -China Relations. Arlington, Va. : Pew Center on Global Climate Change. http: //www. pewclimate. org/US-China.

ASES (American Solar Energy Society). 2007. Tackling Climate Change in the United States: Potential Carbon Emission Reductions from Energy Efficiency and Renewable Energy by 2030. Boulder, Colo. : ASES.

ASES. 2008. Annual Report-2008. http: //www. ases. org/pdf/ASES-Annual Report-2008. pdf.

AWEA. 2008. Annual Wind Industry Report: Year Ending 2008. http: //bit. ly/bRnf5U. Washington, D. C. : AWEA.

AWS Wind LLC, NREL. 2010. Estimates of Windy Land Area and Wind Energy Potential by State for Areas > = 30% Capacity Factor at 80m. http: //www. windpoweringamerica. gov/wind_maps. asp. Spreadsheet with individual states' data available online at http: //bit. ly/94oRm6.

Bain R L, W A Amos, M Downing, R L Perlack. 2003. Biopower Technical Assessment: State of the Industry and Technology. National Renewable Energy Laboratory Technical Report, NREL/TP-510-33123.

Barrie D B, D B Kirk-Davidoff. 2010. Weather response to a large wind turbine array. Atmos. Chem. Phys. , 10: 769-775.

Bertani R. 2005. World Geothermal Generation in the period 2001-2005. Geothermics, 34 (6):

651-690.

Bezdek R H, R M Wendling. 2003. A half century of long-range energy forecasts: errors made, lessons learned, and implications for forecasting. Journal of Fusion Energy, 21 (3/4): 155-172.

Bezdek R H, R M Wendling. 2006. The U. S. Energy Subsidy Scorecard. Issues in Science and Technology, XXII (3): 83-85.

Bezdek R H, R M Wendling. 2007. A Half Century of Federal Energy Incentives: Value, Distribution, and Policy Implications. International Journal of Global Energy Issues, 27 (1): 42-60.

Bird L, M Kaiser. 2007. Trends in Utility Green Pricing Programs (2006). NREL Report No. TP-670-42287. Golden, Colo.: NREL.

BLM (Bureau of Land Management). 2005. Final Programmatic Environmental Impact Statement on Wind Energy Development on BLM-Administered Lands in the Western United States, US Department of Interior, Bureau of Land Management.

BLM. 2008. Final Programmatic Environmental Impact Statement for Geothermal Leasing in the Western United States, US Department of Interior, Bureau of Land Management, and US Department of Agriculture, Forest Service.

Boyd T L, D Thomas, A T Gill. 2002. Hawaii and geothermal: what has been happening? GHC Bulletin, 23 (3): 11-21.

Brown E, S Busche. 2008. State of the States 2008: Renewable Energy Development and the Role of Policy. Technical Report NREL/TP-670-43021. Golden, Colo.: NREL.

Burnham M. 2009. China's A-Power to Build U. S. Wind Turbine Factory. New York Times, http://www.nytimes.com/gwire/2009/11/17/17greenwire-chinas-a-power-to-build-us-wind-turbine-factor-22742.html.

Canfa W. 2007. Chinese Environmental Law Enforcement: Current Deficiencies and Suggested Reforms. Vermont Journal of Environmental Law, 8 (2): 159-194.

Carmody M et al. 2010. Single-crystal II-VI on Si single-junction and tandem solar cells. Applied Physics Letters, 96: 153502.

CCTP (U. S. Climate Change Technology Program). 2003. Technology Options 2003. Washington, D. C.: CCTP.

CEC (California Energy Commission). 2009. Renewable Energy Cost of Generation Update. PIER Interim Project Report, CEC-500-2009-084.

Cha A E. 2008. Solar energy firms leave waste behind in China. Washington Post.

Chaudhari M, L Frantzis, T E Holff. 2004. PV Grid Connected Market Potential Under a Cost Breakthrough Scenario. San Francisco, Calif.: Energy Foundation and Navigant Consulting.

China Meteorological Administration. 2006. Report on Wind Energy Resource Assessment in China. Beijing: China Meteorological Press.

Chinese Academy of Engineering. 2008. Strategic Research on Renewable Energy Development in China. Beijing: China Electric Power Press.

China Meteorological Administration. 2010. Wind Energy Resource Assessment of China in 2009. Beijing: China Meteorological Press.

China National Chemical Information Center. 2009. The key project: research on key technologies for comprehensive utilization of by-products in polysilicon production process, has been supported by 863 program of China. http://www.cheminfo.gov.cn/05/UI/Information/page_info.aspx? Tname = hgyw&id = 220023.

Christensen C M. 1997. The Innovator's Dilemma: When New Technologies Cause Great Firms to Fail. Cambridge, MA: Harvard Business Press.

CMA (China Meteorological Administration). 2006. The Report of Wind Energy Resource Assessment in China. Beijing.

Council on Foreign Relations. 2007. U. S. - China relations: an affirmative agenda, a responsible course. New York: Council on Foreign Relations.

CWEA (Chinese Wind Energy Association). 2010. Wind Energy (8-9). Beijing.

CWERA (Center for Wind and Solar Energy Resources Assessment), CMA (China Meteorological Administration). 2010. Wind Energy Resource Assessment in China (2009). Beijing: China Meteorological Press.

Denholm P L, Kulcinski G. 2003. Net energy balance and greenhouse gas emissions from renewable energy storage systems, ECW Report Number 223-1, Energy Center of Wisconsin. June. http://www.cee1.org/eval/db_pdf/379.pdf.

Dimroth F et al. 2009. Metamorphic GaInP/GaInAs/Ge Triple-junction Solar Cells With > 41% Efficiency. Proceedings of the 34th IEEE PV Specialists Conference. Philadelphia.

DiPippo R. 2008. Geothermal Power Plants: Principles, Applications, Case Studies and Environmental Impact, 2nd Ed. Elsevier.

DOE (U. S. Department of Energy). 2004a. National Electric Delivery Technologies Vision and Roadmap. http://www.energetics.com/pdfs/electric_power/electric_roadmap.pdf.

DOE. 2004b. Water Energy Resources of the United States with Emphasis on Low Head/Low Power Resources. DOE/ID-11111. Washington, D. C.: DOE.

DOE. 2006. Fact Sheet: U. S. Department of Energy Cooperation with the People's Republic of China. Washington, D. C.: DOE.

DOE. 2007a. Enhanced Geothermal Systems Reservoir Creation Workshop. Summary Report, Enhanced Geothermal Systems Reservoir Creation Workshop. Houston, TX.

DOE. 2007b. National Solar Technology Roadmap: Waffer-Silicon PV. Energy Efficiency and Renewable Energy. Washington, D. C.

DOE. 2007c. National Solar Technology Roadmap: Film-Silicon PV. Energy Efficiency and Renewable Energy. Washington, D. C.

DOE. 2007d. National Solar Technology Roadmap: Concentrator PV. Energy Efficiency and Renewable Energy. Washington, D. C.

DOE. 2007e. Solar America Initiative: A Plan for the Integrated Research, Development, and Market Transformation of Solar Energy Technologies. Washington, D. C. : DOE.

DOE. 2008a. 20% Wind Energy by 2030: Increasing Wind Energy's Contribution to U. S. Electricity. Supply. http: //bit. ly/a2U0nL.

DOE. 2008b. Solar Energy Technologies Program: Multi Year Program Plan, 2008-2012. http: //bit. ly/cBt7KS.

DOE. 2008c. United States—Wind Resource Map. Washington, D. C. : DOE. http: //bit. ly/9wdy2j.

DOE. 2008d. Wind Technologies Market Report, DOE/GO-102009-2868.

DOE. 2009. Solar Energy Development Programmatic Environmental Impact Statement Information Center, solareis. anl. gov/index. cfm, US Department of Energy, Office of Energy Efficiency and Renewables and US Department of Interior, Bureau of Land Management, Dooley.

EIA (Energy Information Agency). 2001. Biomass for Electricity Generation. Washington, D. C.

EIA. 2007a. Annual Energy Outlook 2007 with Projections to 2030. Report No. DOE/EIA-0383. Washington, D. C. http: //tonto. eia. doe. gov/ftproot/forecasting/0383 (2007). pdf.

EIA. 2007b. Renewable Energy Annual, 2005. Washington, D. C.

EIA. 2008. Annual Energy Review 2007. Washington, D. C.

EIA. 2009a. Annual Energy Outlook.

EIA. 2009b. Country Analysis Briefs: Electricity in China. Washington, D. C. http: //bit. ly/b9YqiR.

EIA. 2009c. Electric Power Annual: Electric Power Industry 2008: Year in Review. Washington, D. C. http: //bit. ly/cOANrL.

EIA. 2009d. International Energy Outlook 2009. http: //www. eia. doe. gov/oiaf/ieo.

EIA. 2009e. Renewable Energy Annual, 2007 Edition. Washington, D. C. http: //bit. ly/bmqdQp.

EIA. 2010a. Annual Energy Outlook.

EIA. 2010b. International Energy Statistics. http: //bit. ly/9GmNqp.

Elliott D L, L L Wendell, Gower G L. 1991. An Assessment of the Available Windy Land Area and Wind Energy Potential in the Contiguous United States. Richland, Wash. : Pacific Northwest Laboratory.

Elliott D L et al. 1986. Wind Energy Resource Atlas of the United States. Golden, Colo. : National Renewable Energy Laboratory.

EPA. 2009. National Emissions Inventory Air Pollutant Emissions Trends Data. http: //www. epa. gov/ttn/chief/trends.

EPRI (Electric Power Research Institute). 2005. Final Summary Report: Project Definition Study: Offshore Wave Power Feasibility Demonstration Project. Palo Alto, Calif.

EPRI. 2007. Assessment of Waterpower Potential and Development Needs. Final Report. March. Palo Alto, Calif.

EPA (Environmental Protection Agency). 2008. An Overview of Landfill Gas Energy in the United States. U. S. Environmental Protection Agency Landfill Methane Outreach Program. Washington, D. C.

EWEA (European Wind Energy Association). 2009. Wind at Work: Wind Energy and Job Creation in the EU. http://bit. ly/azvZ3v.

Fang X. 2008. From Imitation to Innovation: A Strategic Adjustment in China's S&T Development. US-China Symposium on Science & Technology Strategic Policy. National Academy of Sciences, Washington, D. C.

Feeley III T J et al. 2008 Water: a critical resource in the thermoelectric power industry. Energy, 33: 1-11.

Fletcher E A. 2001. Solar Thermal processing: a review. Journal of Solar Energy Engineering, 123: 63-74.

Frandsen S et al. 2007. Summary Report: The Shadow Effect of Large Wind Farms: Measurements, Data Analysis and Modeling. Riso National Laboratory, Technical University of Denmark, Riskilde, Denmark.

Fthenakis V M, Kim H C, Alsema E. 2008. Emissions from photovoltaic life cycles, Environ. Sci. Technol., 44: 2168-2174.

Fthenakis V. 2009. Sustainability of photovoltaics: The case for thin-film solar cells. Renewable and Sustainable Energy Reviews, 13 (9): 2746-2750.

FWS (U. S. Fish and Wildlife Service). 2003. Service Interim Guidance on Avoiding and Minimizing Wildlife Impacts from Wind Turbines.

Gagnon L, J van de Vate. 1997. Greenhouse gas emissions from hydropower: The state of research in 1996. Energy Policy, 25 (1): 7-13.

GEA (Geothermal Energy Association). 2009. U. S. Geothermal Power Production and Development. Washington, D. C.: Geothermal Energy Association.

Gleick P. 1994. Water and energy. Annual Review of Energy and the Environment, 19: 267-299.

Global Markets Direct. 2009. Top Ten Global Energy Trends in 2010. Report GMDGE00025MR.

Green B D, R G Nix. 2006. Geothermal—The Energy Under Our Feet: Geothermal Resource Estimates for the United States. Golden, Colo.: NREL. http://bit. ly/bAsZZ2.

Green M A et al. 2010. Solar cell efficiency tables (version 36). Progress in Photovoltaics: Research and Applications, 18: 346-352.

Green, Nix. 2006. Geothermal—The Energy Under Our Feet. Geothermal Resource Estimates for the United States. Washington, D. C.

Gronowska M, S Joshi, H L MacLean. 2009. A Review of U. S. and Canadian Biomass Supply Curves. BioResources, 4 (1): 341-369.

Gu L. 2008. Pollution and energy consumption: soft spot of polysilicon. Guangdong Science & Technology, (15): 91-93.

Guter W, J et al. 2009. Current-matched triple-junction solar cell reaching 41.1% conversion efficiency under concentrated sunlight. Applied Physics Letters. 94: 223504/1-3.

Hall D G et al. 2006. Feasibility Assessment of the Water Energy Resources of the United States for New Low Power and Small Hydro Classes of Hydroelectric Plants. Report DOE/ID 11263. http://bit.ly/9buOxn.

Haq Z, J Easterly. 2006. Agricultural residue availability in the United States. Applied Biochemistry and Biotechnology, 129 (1-3): 3-21.

Holmes K J et al. 2009. Regulatory models and the environment: practice, pitfalls, and prospects. Risk Analysis, 29 (9): 159-170.

Holt E, L Bird. 2005. Emerging Markets for Renewable Energy Certificates: Opportunities and Challenges. Golden, Colorado: National Renewable Energy Laboratory, NREL/TP-620-37388.

Holt E, R Wiser. 2007. The Treatment of Renewable Energy Certificates, Emissions Allowances, and Green Power Programs in State Renewables Portfolio Standards. Ernest Orlando Lawrence Berkeley National Laboratory Report LBNL-62574.

Hondo H. 2005. Life cycle GHG emission analysis of power generation systems: Japanese case. Energy, 30: 2042-2056.

Hu Y. The main problems in China's polysilicon industry. Solar Energy, (8): 63-64 (in Chinese).

IEA. 2008. IEA Wind Energy, Annual Report 2008. http://www.ieawind.org/AnnualReports_PDF/2008/2008%20AR_small.pdf.

IEA. 2009. IEA Ocean Energy: Global Technology Development Status. IEA-OES Document No. T0104. http://iea-oceans.org/_fich/6/ANNEX_1_Doc_T0104.pdf.

IEA. 2010a. Energy Technology Perspectives 2010: Scenarios and Strategies to 2050. Paris: OECD/IEA.

IEA. 2010b. SolarPACES International Project Database. http://www.solarpaces.org/News/Projects/projects.htm. (See also IEA SolarPACES Annual Report 2008, published in May 2009, edited by C. Richter. http://www.solarpaces.org/Library/AnnualReports/docs/ATR2008.pdf.

Jacobsson S, A Johnson. 2000. The diffusion of renewable energy technology: an analytical framework and key issues for research. Energy Policy, 28: 625-640.

Juninger M et al. 2008. Climate Change Scientific Assessment and Policy Analysis: Technological Learning in the Energy Sector. Report 500102017. Netherlands Environmental Assessment Agency, Bilthoven.

Jones J L. 2008. Open Letter on Securing America's Energy Future. http://bit.ly/9gBAZq.

Kammen D M. 2004. Renewable Energy Options for the Emerging Economy: Advances, Opportunities and Obstacles. In The 10-50 Solution: Technologies and Policies for a Low-Carbon Future, Proceedings of a workshop co-sponsored by the Pew Center on Global Climate Change and the National Commission on Energy Policy. Washington, D. C. http://www.pewclimate.org/docUploads/10-50_Kammen.pdf.

Kammen D M, G F Nemet. 2005. Reversing the incredible shrinking energy R&D budget. Issues in Science and Technology, 22 (1): 84-88.

Keith D W et al. 2004. The influence of large scale wind power on global climate. Proceedings of the National Academy of Sciences, 10 (1): 16115-16120.

King D L, Boyson W E, J A Mratochvil. 2004. Photovoltaic Array Performance Model. Sandia National Laboratories, Photovoltaic System R&D Department. Albuquerque, NM.

Kirk-Davidoff D B, D Keith. 2008. On the climate impact of surface roughness anomalies. J. Atmos. Sci., 85: 2215-2234.

Kroposki B. 2007. Renewable Energy Interconnection and Storage. Presentation at the First Meeting of the Panel on Electricity from Renewables. Washington, D. C.

Kunz T H et al. 2007. Ecological impacts of wind energy development on bats: questions, research needs and hypotheses, Front. Ecol. Environ.

Li J, L Ma. 2009. Background Paper: Chinese Renewables Status Report. Paris, France: Renewable Energy Policy Network for the 21st Century. http://bit.ly/9JVBT7.

Long G, B Wu, S Hai, K. Qiu. 2008. Development status and prospect of solar grade silicon production technology. Chinese Journal of Nonferrous Metals, 18 (E01): 386-392 (in Chinese).

Lu, X., M. B. McElroy, J. Kiviluoma. 2009. Global potential for wind-generated electricity. Proceedings of the National Academy of Sciences, 10 (6): 10933-10938.

Macdonald D H et al. 2004. Texturing industrial multicrystalline silicon solar cells. Solar Energy, 76 (1-3): 277-283.

Management Information Services Inc. 2007. Renewable Energy and Energy Efficiency: Economic Drivers for the 21st Century. Report prepared for the American Solar Energy Association. November.

Management Information Services Inc. 2008. Green Collar Jobs in the U. S. and Colorado: Economic Drivers for the 21st Century. American Solar Energy Society, Boulder, Colorado. January.

Management Information Services Inc. 2009. Optimizing the Relationship Between Energy Productivity/Costs and Jobs Creation. Report prepared for the U. S. Department of Energy, National Energy Technology Laboratory. DOE/NETL-402/110209.

Mancini T. 2009. Sandia National Laboratories, personal communication.

Mancini T et al. 2003. Dish Stirling Systems: An Overview of Development and Status. Journal of Solar Energy Engineering, 125 (2): 135-151.

McVeigh J et al. 2000. Winner, loser, or innocent victim? Has renewable energy performed as expected? Solar Energy, 68 (3): 237-255.

Milbrandt A. 2005. A Geographic Perspective on the Current Biomass Resource Availability in the

United States. National Renewable Energy Laboratory, Golden, Colo.

Miles A C. 2008. Hydropower at the Federal Energy Regulatory Commission. the Third Meeting of the Panel on Electricity from Renewables. Washington, D. C.

Miller R, M Winters. 2009. Opportunities in Pumped Storage Hydropower: Supporting Attainment of Our Renewable Energy Goals. National Hydropower Association White Paper.

Milly P C D, K A Dunne, A V Vecchia. 2005. Global pattern of trends in streamflow and water availability in a changing climate. Nature, 438: 347-350.

Minerals Management Service. 2006. Wave Energy Potential on the U. S. Outer Continental Shelf, Technology White Paper. Renewable Energy and Alternate Use Program, U. S. Dept of Interior. Washington, D. C.

MIT (Massachusetts Institute of Technology). 2006. The Future of Geothermal Energy: Impact of Enhanced Geothermal Systems (EGS) on the United States in the 21st Century. Cambridge, Mass. : MIT Press.

Mu R P. 2007. The Dragon and the Elephant: Understanding the Development of Innovation Capacity in China and India—Summary of a Conference. Washington, D. C. : National Academies Press.

Murphy L M, P L Edwards. 2003. Bridging the Valley of Death: Transitioning from Public to Private Sector Financing. NREL/MP-720-34036. Golden, Colo. : NREL.

Musial W, S Butterfield. 2004. Future for Offshore Wind Energy in the United States. Preprint. NREL/CP-500-36313. Golden, Colo. : NREL. http: //bit. ly/btRInE.

NAE, NRC, CAE, CAS. 2007. Energy Futures and Urban Air Pollution: Challenges for China and the United States. Washington, D. C. : National Academies Press.

NAS (National Academy of Sciences), NAE (National Academy of Engineering), NRC (National Research Council). 2009a. America's Energy Future: Technology and Transformation. Washington, D. C. : National Academies Press.

NAS, NAE, NRC. 2009b. Liquid Transportation Fuels from Coal and Biomass: Technological Status, Costs, and Environmental Impacts. Washington, D. C. : National Academies Press.

NAS, NAE, NRC. 2010a. Electricity from Renewable Resources: Status, Prospects, and Impediments. Washington, D. C. : National Academies Press.

NAS, NAE, NRC. 2010b. Real Prospects for Energy Efficiency in the United States. Washington, D. C. : National Academies Press.

NAS, NAE, IOM (Institute of Medicine). 1988. Research Briefings 1987. Washington, D. C. : National Academy Press.

NAS, NAE, IOM. 2007. Rising Above the Gathering Storm: Energizing and Employing America for a Brighter Economic Future. Washington, D. C. : National Academies Press.

NCI (Navigant Consulting Inc.) . 2010. Jobs Impact of a National Renewable Electricity Standard: Final Report. Prepared for the RES Alliance for Jobs.

Nemet G F. 2006. Beyond the learning curve: factors influencing cost reductions in photovoltaics. Energy Policy, 34 (17): 3218-3232.

Nemet G F, D M Kammen. 2007. U. S. energy R&D: declining investment, increasing need, and the feasibility of expansion. Energy Policy, 35 (1): 746-755.

NETL (National Renewable Energy Laboratory). 2007. The NETL Modern Grid Initiative: A vision for the modern grid. March. Pittsburgh, Pa.: NETL. http://bit.ly/bqrMRO.

NHA (National Hydropower Association). 2010. North Carolina Solar Center and U. S. Department of Energy Office of Energy Efficiency and Renewable Energy, Database of State Incentives for Renewables & Efficiency. http://dsireusa.org.

NRC (National Research Council). 1990. Surface Coal Mining Effects on Ground Water Recharge. Washington, D. C.: National Academy Press.

NRC. 2000. Renewable Power Pathways: A Review of the U. S. Department of Energy's Renewable Energy Programs. Washington, D. C.: National Academies Press.

NRC. 2007. Environmental Impacts of Wind-Energy Projects. Washington, D. C.: National Academies Press.

NRC. 2008. Transitions to Alternative Transportation Technologies: A Focus on Hydrogen. Washington, D. C.: National Academies Press.

NRC. 2009a. Assessing Economic Impacts of Greenhouse Gas Mitigation: Summary of a Workshop. Washington, D. C.: National Academies Press.

NRC. 2009b. Persistent Forecasting of Disruptive Technologies. Washington, D. C.: National Academies Press.

NRC. 2010a. Hidden Costs of Energy: Unpriced Consequences of Energy Production and Use. Washington, D. C.: National Academies Press.

NRC. 2010b. Toward Sustainable Agricultural Systems in the 21st Century. Washington, D. C.: National Academies Press.

NRC. 2010c. Transitions to Alternative Transportation Technologies: Plug-in Hybrid Electric Vehicles. Washington, D. C.: National Academies Press.

NREL. 2004. PV Solar Radiation: Annual. http://bit.ly/aQQq09.

NREL. 2007. Very Large-Scale Deployment of Grid-Connected Solar Photovoltaics in the United States: Challenges and Opportunities. http://www.nrel.gov/pv/pdfs/39683.pdf.

NREL. 2008. About Geothermal Electricity. Golden, Colo.: NREL. http://www.nrel.gov/geothermal/geoelectricity.html.

NREL. 2010a. FY 2009 National Renewable Energy Laboratory Annual Report: A Year of Energy Transformation, NREL/MP-6A4-45629.

NREL. 2010b. The Open PV Mapping Project. http://openpv.nrel.gov.

NSB (National Science Board). 2009. Building a Sustainable Energy Future: U. S. Actions for an Effective Energy Economy Transformation, NSB-09-55.

NSB. 2010. Science and Engineering Indicators: 2010. Arlington, VA: National Science Foundation NSB 10-01.

O'Connell R et al. 2007. 20% Wind Energy Penetration in the United States: A Technical Analysis of the Energy Resource. Overland Park, KS.: Black & Veatch. http://bit. ly/djVr6Z.

O'Donnell C et al. 2009. Renewable Energy Cost of Generation Update, PIER Interim Project Report. California Energy Commission. CEC-500-2009-084.

OHA (Office of Hawaiian Affairs). 2007. Protection of Wao Kele O Puna celebrated. http://www. oha. org/index. php? option = com_ content&task = view&id = 398&Itemid = 1.

Oregon Historical Quarterly. 2007. Significant events in the history of Celilo Falls. Oregon Historical Quarterly, 108 (4) Winter.

ORNL (Oak Ridge National Laboratory). 1993. Hydropower—ORNL Review. 26 (3&4): Oak Ridge, Tennessee.

Palmer K, D Burtraw. 2005. Cost-effectiveness of renewable electricity policies. Energy Economics, 27 (6): 873-894.

Pasternak A. 2009. "Chinese" Wind Farm in Texas: Green Jobs Fail? http://www. treehugger. com/ files/2009/11/chinese-wind-farm-texas-green-jobs-fail. php.

Perkins C, A W Weimer. 2004. Likely near-term solar-thermal water splitting technologies. International Journal of Hydrogen Energy, 29: 1587-1599.

Perkins C, A W Weimer. 2009. Solar-thermal production of renewable hydrogen. AIChE Journal, 55 (2): 286-293.

Perlack R D et al. 2005. Biomass as Feedstock for a Bioenergy and Bioproducts Industry: The Technical Feasibility of a Billion-Ton Annual Supply. Sponsored by the USDA and DOE. http://bit. ly/ bQSjUu.

Pernick R, C Wilder. 2008. Utility Solar Assessment (USA) Study: Reaching Ten% Solar by 2025. Washington, D. C.: Clean Edge Inc. and Co-op America Foundation.

Pletka R, Finn J. 2009. Western Renewable Energy Zones, Phase 1: QRA Identification Technical Report. NREL/SR-6A2-46877. Golden, Colo.: NREL.

Price R S. 2008. A Chronology of U. S. -China Energy Cooperation. The Atlantic Council of the United States.

Pryor S C, R J Barthelmie, E Kjellström. 2005. Potential climate change impact on wind energy resources in northern Europe: analyses using a regional climate model. Climate Dynamics, 25 (7-8): 815-835.

Pryor S C, J T Schoof, R J Barthelmie. 2006. Winds of change? Projections of near-surface winds under climate change scenarios. Geophysical Research Letters, 33 (L11702): 5.

Pryor S C et al. 2009. Wind speed trends over the contiguous United States. Journal of Geophysical Research, 114 (D14105): 18.

REN21 (Renewable Energy Policy Network for the 21st Century). 2009. Renewables Global Status Report: 2009 Update. Paris, France: REN21 Secretariat. http://www.ren21.net/pdf/RE_GSR_2009_Update.pdf.

Robins N, R Clover, C Singh. 2009. A Climate for Recovery: The Colour of Stimulus Goes Green. HSBC Global Research.

Roy B S, S W Pacala, R L Walko. 2004. Can large wind farms affect local meteorology? Journal of Geophysical Research, 109 (D19101): 6.

Rural Water Resources of China. Shanxi Province: questions and answers for hazards and solutions of high fluoride drinking water. http://219.238.161.100/html/1220341329156.html.

Schiermeier Q et al. 2008. Energy alternatives: electricity without carbon. Nature, 454 (7206): 816-823.

SECO (State Energy Conservation Office). 2008. Texas Wind Energy. http://www.seco.cpa.state.tx.us/.

SEIA (Solar Energy Industries Association). 2001. Solar Electric Power—The U. S. Photovoltaic Industry Roadmap. Washington, D. C.: SEIA.

SEIA. 2004. Our Solar Power Future—The U. S Photovoltaic Industry Roadmap Through 2030 and Beyond. Washington, D. C.: SEIA.

SERC (State Electricity Regulatory Commission), CEC (China Electricity Council). 2009. China Electric Power Yearbook 2009. Beijing: China Electric Power Press.

Shipp S, M Stanley. 2009. Government's Evolving Role in Supporting Corporate R&D in the United States: Theory, Practice, and Results in the Advanced Technology Program. In 21st Century Innovation Systems for Japan and the United States: Lessons from a Decade of Change: Report of a Symposium. Washington, D. C: National Academies Press.

Smith R. 2009. Chinese-Made Turbines to Fill U. S. Wind Farm. Wall Street Journal.

Solarbuzz. 2009. Annual World Solar Photovoltaic Industry Report in 2008. http://www.solarbuzz.com/Marketbuzz2009-intro.htm.

Song C. 2006. Global challenges and strategies for control, conversion and utilization of CO_2 for sustainable development involving energy, catalysis, adsorption and chemical processing. Catalysis Today, 115 (1-4): 2-32.

Spath P, Mann M. 2004. Biomass Power and Conventional Fossil Systems with and without CO_2 Sequestration-Comparing the Energy Balance, Greenhouse Gas Emissions and Economics, NREL/TP-510-32575, National Renewable Energy Laboratory, Golden, CO.

Spitzley D, G A Keoleian. 2005. Life Cycle Environmental and Economic Assessment of Willow Biomass Electricity: A Comparison with Other Renewable and Non-Renewable Sources. Report CSS04-05R. Center for Sustainable Systems, University of Michigan, Ann Arbor.

Stefansson Bjorn, B Palsson, G O Frioleifsson. 2008. Iceland Deep Drilling Project: exploration of supercritical geothermal resources. In IEEE Power and Energy Society 2008 General Meeting: Conversion and Delivery of Electrical Energy in the 21st Century, Pittsburgh, Pa.

Steinfeld A. 2005. Solar thermochemical production of hydrogen: a review. Solar Energy, 78 (5): 603-615.

Su W. 2008. Measures for energy saving and reducing pollution in polysilicon production. Nonferrous Metals Processing, 37 (2): 57-59 (in Chinese).

Tan X M, Z Gang. 2009. An Emerging Revolution: Clean Technology, Research and Development in China. WRI Working Paper, Washington, D. C.: World Resources Institute.

Tester J W, E M Drake, M J Driscoll et al. 2005. Sustainable Energy: Choosing Among Options. Cambridge, MA: MIT Press.

UNEP (United Nations Environment Program). 2009. Government support can be used to set up or expand existing Public Finance Mechanisms (PFMs). Cite: Why Clean Energy Public Investment Makes Economic Sense: The Evidence Base. UNEP Sustainable Energy Finance Initiative Public Finance Alliance.

UNEP SEFI, New Energy Finance. 2009. Global Trends in Sustainable Energy Investment 2009 Report: Analysis of Trends and Issues in the Financing of Renewable Energy and Energy Efficiency. Geneva, Switzerland: UNEP.

USGS (U. S. Geological Survey). 1979. Assessment of Geothermal Resources of the United States—1978. Geological Survey Circular 790. Arlington, Va.: USGS. http://pubs. er. usgs. gov/usgspubs/cir/cir790.

USGS. 2005. Estimated use of water in the United States in 2000, USGS Circular 1268, U. S. Geological Survey.

USGS. 2008. Assessment of Moderate- and High-Temperature Geothermal Resources of the United States, Factsheet 2008-3082. http://pubs. usgs. gov/fs/2008/3082/.

VTT. 2008. Design and Operation of Power Systems with Large Amounts of Wind Power: Final report, IEA WIND Task 25, Phase one 2006-2008. http://www. vtt. fi/inf/pdf/tiedotteet/2009/T2493. pdf.

Walsh M et al. 2000. Biomass Feedstock Availability in the United States: 1999 State Level Analysis. Oak Ridge National Laboratory, Oak Ridge, Tenn. http://bioenergy. ornl. gov/resourcedata/index. html.

Walsh M E. 2008. U. S. Cellulosic Biomass Feedstock Supplies and Distribution. M&E Biomass, University of Tennessee, Knoxville.

Wang M, Q Guo. 2010. The Yangbajing geothermal field and the Yangyi geothermal field: two representative fields in Tibet, China. Proceedings World Geothermal Congress 2010. Bali, Indonesia.

Wang Z F. 2009. Prospectives for China's solar thermal power technology development. Energy (in press).

Weiss C, Bonvillian W B. 2009. Structuring an Energy Technology Revolution. Cambridge, MA: MIT

Press.

Weissman J. 2009. Credentialing: What's in a name? A lot. Solar Today, (September/October): 44. http: //bit. ly/aPWN0V.

WGA (Western Governors' Association). 2006a. Clean and Diversified Energy Initiative Solar Task Force Report. Washington, D. C.: WGA.

WGA. 2006b. Clean and Diversified Energy Initiative: Geothermal Task Force Report. Washington, D. C.: WGA.

WGA. 2009. Western Renewable Energy Zones Initiative: Phase 1 Report. http: //bit. ly/d2igwv; Comments online at http: //bit. ly/9oUKff.

Williams C F, B S Pierce. 2008. The U. S. Geothermal Resource Assessment. http: //energy. usgs. gov/flash/geothermal_ slideshow. swf.

Williams C F, M J Reed, R H Mariner. 2008. A Review of Methods Applied by the U. S. Geological Survey in the Assessment of Identified Geothermal Resources. U. S. Geological Survey Open-File Report 2008-1296. http: //pubs. usgs. gov/of/2008/1296/.

Wilkinson C. 2005. Blood Struggle: The Rise of Modern Indian Nations, Norton, New York.

WRI (World Resources Institute). 2005. Millennium Ecosystem Assessment: Ecosystems and Human Well-Being. Washington, D. C.: Island Press.

Xu Y. 2007. Treatment of acidic wastewater with fluoride in the cleaning process of polysilicon raw materials. Jiangsu Metallurgy 35 (6): 52-53 (in Chinese).

Xue H, R Z Zhu, Z B Yang et al. 2001. Assessment of wind energy reserves in China. Acta Energiae Solaris Sinica, 22 (4): 168-170.

Xu D et al., 2010. Proposed monolithic triple-junction solar cell structures with the potential for ultrahigh efficiencies using II- VI alloys and silicon substrates. Applied Physics Letters, 96 (7): 073508.

Yan L G. 2009. Presentation to Committee. Xining, China.

Zeng H. 2008. Analysis of harmful factors in in polysilicon production. Xinjiang Huagong, (4): 41-46 (in Chinese).

Zpryme. 2010. Smart Grid Snapshot: China Tops Stimulus Funding. Zpryme Research & Consulting, Going Green Practice.

Zhu Rong et al. 2009. Assessment of Wind Energy Potential in China. Engineering Sciences, 7 (2): 18-26.

Zhong W. 2005. Discussion and application analysis of polysilicon solar cell production technology. Ceramics Science & Art, (5): 36-40 (in Chinese).

附　　录

附　录　A

中美清洁能源与气候变化合作时间表

附表 A-1　中美清洁能源与气候变化合作时间表

年份	名称	参与者	目的
1979	科技合作协定	正式双边政府协议，由邓小平副总理和卡特总统创立	最早是关于高能物理方面合作，是其后 30 个环境与能源双边协定的总括，于 1991 年延期五年
1979	《关于双边能源协议的谅解备记录》	中国国家发展计划委员会与美国能源部	促成签署 19 项能源合作协定，具体领域包括化石能源、气候变化、聚变能源、能源效率、可再生能源、和平核技术以及能源信息交流等
1979	大气、科学和技术协定	中国气象局与美国国家海洋和大气管理局	气候、海洋数据双边交换、研究和联合项目
1983	核物理和磁约束核聚变协定	中国国家科技委员会和美国能源部	长期目标是利用核聚变作为能源来源之一
1985，2000，2005—2010	化石能源研究与开发合作协定（化石能源协定）	中国煤炭工业部（后为科学技术部）与美国能源部	首个主要化石能源双边协议，现有五个附件：电力系统、清洁燃料、石油和汽油、能源与环境技术、气候科学等。协定由常设协调小组负责管理，小组成员来自两国

续表

年份	名称	参与者	目的
1987	化石能源协议附件Ⅲ和大气微量气体领域合作	中国科学院与美国能源部	开展研究项目，研究 CO_2 对气候变化可能造成的影响
1988	在南京召开的“中美能源需求、市场和政策会议”	中国国家计划委员会能源研究所与美国能源部、劳伦斯伯克力国家实验室	非正式双边能效会议，促成能源研究所和劳伦斯伯克力国家实验室之间开展交换项目，也促成 1989 年发表第一份中国能源节约审查报告
1992	美国商业贸易联合委员会	美国商务部	促进美国和中国商业关系及相关经济事项的发展。中美商贸联合委员会环境小组支持开展技术示范、学习研讨会、贸易代表团、展览及会议等项目，以加强环境和商业合作
1993	美国派往中国的商业代表团	美国能源部与商务部	帮助美国公司改善其在中国的电力技术服务，业界代表确定，1994～2003 年，美国与电力方面有关的出口价值 135 亿美元（不包括核电），相当于 270 000 个美国高薪岗位，同时还为中国电力产业引进低成本、环保的美国技术创造机会
1993	成立北京能源效率中心	能源研究所、美国劳伦斯伯克力国家实验室、美国西北太平洋国家实验室、世界自然基金会、美国环保局、世界金融网、中国国家计划委员会、中国国家经济贸易委员会和中国国家科技委员会	中国首个非政府、非营业性注重提高能源效率的组织，主要通过以下途径实现其目标：为中央及地方政府机构提供咨询；支持能源效率产业发展；组织、协调技术培训项目；以及为能源专业人员提供信息
1994	化石能源协议附件	中国国家科技委员会与美国能源部	1）致力于提高过程和设备效率，减少全球大气污染，推动中国清洁煤炭技术开发计划，以及促进对双方均有益的经济、贸易合作 2）开展燃煤磁流体（MHD）发电领域的合作

续表

<table>
<tr><th>年份</th><th>名称</th><th>参与者</th><th>目的</th></tr>
<tr><td>1994</td><td>中国21世纪议程</td><td>中国国家科技委员会与中国国家气候委员会</td><td>提呈中国要求在环境问题方面给予国际支援的要求。美国同意通过美国能源部气候变化国家研究与支持国家行动计划项目支持中国</td></tr>
<tr><td>1995</td><td>由美国能源部部长奥里莱签署的一系列能源双边协议</td><td colspan="2">美国能源部和中国各部签署的双边能源协议，如下所示：
1）关于双边能源咨询的谅解备忘录（与中国国家计划委员会）
2）关于反应堆燃料的研究（与中国原子能机构）
3）可再生能源（与中国农业部）
4）能源效率开发（与中国国家科技委员会）
5）可再生能源技术开发（与中国国家科技委员会）
6）煤层气恢复和利用（与中国煤炭工业部）
7）区域气候研究（与中国气象局）
同时还完成：
—规划中国可再生能源资源计划（美国能源部与中国国家计划委员会）
—制定美国在中国的可再生能源技术融资战略（与美国能源部，中国国家计划委员会，以及中国和美国进出口银行）
—讨论减少并逐步淘汰中国汽油中的铅含量（美国能源部、美国环保局与中国环保局和中国石油）</td></tr>
<tr><td>1995（部分附件于1996年签署）</td><td>能源效率和可再生能源技术开发利用合作协议</td><td>中国政府众多部门与美国能源部</td><td>此协议包括七个附件：政策、农村能源（与农业部）、大型风力系统（与国家电力部门）、农村混合发电系统、可再生能源业务开发（与国家经济贸易委员会）、地热能、（与国家计划委员会）混合动力电动汽车发展以及能源效率。协议成立来自中美政府及业界代表组成的10支团队，分别负责：能源政策、信息交换和业务辅助、区域供热、热电联产、建筑、电机系统、工业过程控制、照明、非晶合金变压器以及金融等</td></tr>
</table>

续表

年份	名称	参与者	目的
1995—2000	统计信息交换意向声明（后成为协定）	NBS 和美国能源部	开展五次会议讨论能源供应与需求，以及数据收集方法和能源信息处理方法方面的信息交流
1997	中美环境与发展论坛	由中国总理李鹏和美国副总统戈尔创立	该论坛是高层可持续发展双边会谈的平台，设立四个工作小组：能源政策、商业合作、可持续发展科学以及环境政策。三大合作领域分别为：城市空气质量、农村电气化以及清洁能源和能源效率
1998—进行中	关于和平利用核技术（PUNT）的合作意向书	中国国家计划委员会与美国能源部	为两国信息和人员交换，在核及核不扩散技术领域的研究和发展培训与参与奠定基础
1997	能源与环境合作倡议书	中国国家计划委员会与美国能源部	具体目标领域包括城市空气质量、农村电气化和能源、清洁能源及能源效率。该合作项目涉及许多政府机构和商业部门，将能源发展与环境保护结合起来
1997	美中能源环境技术中心	清华大学与美国杜兰大学，以及中国科学技术部与美国能源部	中心由美国能源部和中国科学技术部共同资助，分别以清华大学和杜兰大学为基地，旨在①开展关于环境政策、立法和技术方面的培训项目；②为美国清洁煤炭技术开发市场；③将中国能源消费带来的地方性、区域性及全球性环境影响最小化
1998	军事环境保护联合声明	中国中央军委副主席与美国国防部部长	就双方如何解决共同环境问题，谅解备忘录为双方高层国防官员互访及开展对话提供机会
1999	中美环境和发展论坛	中国发展银行及中国国家发展计划委员会、美国进出口银行、美国能源部	第二届美中论坛在华盛顿特区召开，由副总统戈尔和朱镕基总理共同主持。此次论坛签署了关于可再生能源的两份重要协议：关于成立 1 亿美元清洁能源项目的谅解备忘录：加速美国在能源效率、可再生能源及减少污染方面清洁技术在中国的推广进程，推广工作由美国进出口银行、美国能源部、中国发展银行和中国国家发展计划委员会负责；清洁空气和清洁能源技术合作意向声明：声明旨在提高工业燃煤锅炉、清洁能源技术、高效电机及风力并网发电的能源效率

续表

年份	名称	参与者	目的
1999—2000	聚变合作项目	中国科学院与美国能源部	等离子物理学、聚变技术、先进设计及材料研究
2002—2003	中美聚变双边项目	中国科学院与美国能源部	等离子物理学、聚变技术和电厂研究
2003	未来发电	美国能源部及其他国际合作伙伴	最初为一个集热电联产和 CCS 于一体的发电厂，由于联邦拨发资金支持私营 IGCC 或 PC 电厂的 CCS，2008 年 1 月实行改组。各公司可以投标参与加入和筹资
2004	中美能源政策对话	中国国家发展和改革委员会与美国能源部	恢复了 1995 年美国能源部和中国国家计划委员会谅解备忘录框架下的能源政策咨询，促成美国能源部和中国国家发展和改革委员会之间签署关于工业能源效率合作的谅解备忘录。对话包括对中国最大的 12 个能源集约型企业进行能源审计，同时在美国开展学习班及实地考察活动，培养审计员
2004	中美绿色奥运合作工作组	中国北京政府与美国能源部	美国能源部像当年协助雅典奥运会时一样，协助中国保障北京奥运会核材料和放射性物质的安全
2006	亚太清洁发展与气候伙伴计划	美国、中国以及印度、日本、韩国、澳大利亚（后又加进加拿大）	在具体领域组建公私工作团队，如铝业、建筑和电气用具、水泥、更清洁地使用化石能源、煤矿开采、发电和输电、可再生能源和分布式发电以及钢等
2006	中美战略经济对话	中国副总理吴仪和美国财政部部长亨利·鲍尔森，另有美国能源部、环保局、中国国家发展和改革委员会及科学技术部	关于能源、环境方面的内阁层面对话，一年举行两次
2007	《关于合作开发生物燃料的谅解备忘录》	中国国家发展和改革委员会与美国农业部	鼓励在以下领域内展开合作：生物质和原料生产与可持续性；转换技术和工程；生物产品开发和利用标准以及农村农业发展战略

续表

年份	名称	参与者	目的
2007	中美双边民用核能合作行动计划	中国国家发展和改革委员会与美国能源部	肯定了在全球核能伙伴关系（GNDP）下展开关于防止扩散的核能源推广的讨论，以进一步实现无温室气体排放、可持续的电力生产。双边会谈内容涉及快堆技术分离技术、燃料和原料的开发、快堆技术以及安全保卫规划
2007	中美西屋核反应堆协议	中国国家核电技术公司与美国能源部	美国能源部批准出售 4×1100MW 的 AP-1000 核电厂，这些电厂最近改进了现行西屋压水堆技术。合同价值 80 亿美元，也包括了向中国实行技术转换。在 2009 年到 2015 年间将建成四大反应堆
2008	能源和环境合作十年框架	中国国家发展和改革委员会、国家林业局、国家能源局、财政部、环境保护部、科学技术部以及外交部与美国能源部、美国财政部、国务院、商务部、环保局	该框架在以下五大功能性领域分别成立合作工作团队：①清洁效率、安全电力生产和输送；②清洁水；③清洁空气；④清洁、高效运输；⑤森林、湿地生态系统保护
2009	中美战略与经济对话	中国外交部以及美国国务院、美国财政部	2009 年 4 月，SED 被更名为中美战略经济对话，由美国国务院和财政部担任共同主席。在 2009 年 7 月第一次会议期间，财务部部长蒂莫西·弗朗兹·盖特纳和国务卿希拉里·罗德姆·克林顿分别会见了共同主席中国国务院委员戴秉国和副总理王岐山，对话谈及广泛战略、经济问题

续表

年份	名称	参与者	目的
2009	《关于加强气候变化、能源和环境合作的谅解备忘录》	中国国家发展和改革委员会与美国国务院、能源部	本谅解备忘录旨在加强和协调两国各自在应对全球气候变化、推广清洁高效能源，保护环境和自然资源，以及支持环境可持续和低碳经济增长方面做出的努力。两国决心在相关领域开展合作，在这些领域中，双方联合的专业技能、资源投入和研究能力，以及两国市场合并的规模，都能加速实现共同目标的进程。这些合作领域包括，但不限于：①能源节约与能效；②可再生能源；③清洁煤，以及碳捕获和储存；④可持续交通，包括电动汽车；⑤电网现代化；⑥清洁能源技术联合研发；⑦清洁大气；⑧清洁水；⑨自然资源保护，例如湿地和自然保护区的保护；⑩应对气候变化、促进低碳经济增长：本谅解备忘录的实施是通过现行的《能源与环境合作十年框架》、新成立的气候变化政策对话以及新定协议实现的
2009	气候变化政策对话	两国领导人代表	美国和中国将协力推动《联合国气候变化框架公约》全面、高效、持续地实施。对话将推动①对解决气候变化的国内战略、政策的讨论和交流；②实际方案的制定，加快向低碳经济转变步伐；③关于气候变化的成功国际谈判；④根据协定，实现气候友好型技术的联合研究、开发、推广及转换；⑤具体项目的合作；⑥对环境变化的适应；⑦容量建设和公共意识的提高；⑧两国城市之间、高校之间以及省州之间的气候变化务实合作

续表

年份	名称	参与者	目的
2009	应对气候变化能力建设合作备忘录	中国国家发展和改革委员会与美国环保局	为支持《关于加强气候变化、能源和环境合作的谅解备忘录》，这个为期五年的协议，内容包括：①能力建设，研发温室气体创新；②关于气候变化的教育和公共意识；③气候变化对经济发展、人类健康和生态系统的影响，以及对应的措施研究；④参与双方协定的其他方面
2009	中美商业贸易联合委员会	由美国商务部部长洛克、美国贸易代表柯克、中国副总理王岐山共同主持，来自两国的其他部门、机构积极参与	委员会于2009年10月在中国杭州举行，并达成在众多领域内的协议，包括在清洁能源行业的协议，让中国取消在风电机组方面规定的本地产品要求
2009	中美清洁能源研究中心	中国科学技术部及国家能源局与美国能源部	于2009年7月朱棣文部长访问北京期间首次通告，后于2009年11月首脑峰会上最终确定。美中清洁能源研究中心将组建美中科学家和工程师团队，以支持两国清洁能源联合研发工作，并充当两国研究人员的交流场所。研究中心由公共和私人资金支持，五年资金至少1.5亿美元，由两国平分。中心重点研究方向包括提高能源效率，清洁煤炭［包括碳捕获和储存（CCS）］以及清洁车辆
2009	中美电动汽车倡议	两国领导人代表	在2009年11月首脑峰会上通告，以2009年9月召开的第一次美中电动汽车论坛为基础。该倡议内容包括在十几个城市开展联合标准开发、示范，技术发展路线图以及公共教育等项目

续表

年份	名称	参与者	目的
2009	中美能效行动计划	两国领导人代表	在2009年11月首脑峰会上通告，该计划要求两国共同努力，提高建筑、工业设备以及消费设施的能源效率。美中官员将携手共进，与私营企业一起，进行节能建筑规范和评估系统的开发，节能工业设施基准测试，工业设施建筑检查员和节能审计员的培训，调和节能消费品试验程序和性能指标，节能标签最佳做法交流以及召开新的美中能源效率论坛，每年一次，两国轮流主持
2009	中美可再生能源伙伴关系	两国领导人代表	在2009年11月首脑峰会上通告，伙伴关系要求美国和中国为两国可再生能源推广制定发展路线图；伙伴关系还将为两国各州省和各区域提供技术、分析资源，以支持广泛发展的可再生能源推广，并建立州对州和区对区伙伴关系，共享成功经验和最佳做法。一个由美中两国决策者、管理者、产业领袖和公民社会组成的先进电网工作组将共同制定两国电网现代化方略。两国将轮流举行新的美中可再生能源论坛，每年举行一次
2009	21世纪煤炭	两国领导人代表	在2009年11月首脑峰会上通告，两国领导人承诺推动在更清洁使用煤炭领域的合作，其中包括大规模碳捕获和储存（CCS）示范项目。通过新成立的美中清洁能源研究中心，两国将发起一个由中美科学家和工程师小组共同展开的开发清洁煤及碳捕获和储存技术的项目。两国政府也在积极联合行业、学术界及公民社会，推动清洁煤及碳捕获和封存解决方案

续表

年份	名称	参与者	目的
2009	页岩气合作倡议	两国领导人代表	在2009年11月首脑峰会上通告，两国领导人宣布发起一项新的中美页岩气合作倡议。根据这项倡议，中美两国将利用在美国获取的经验评估中国的页岩气蕴藏量，促进以环境可持续的方式开发页岩气资源，开展联合技术研究以加速发展中国页岩气资源，并通过中美石油和天然气产业论坛、旅行考察和研讨会推动对中国的页岩气投资
2009	中美能源合作项目	一个公私伙伴关系，有22家创始公司	在2009年11月首脑峰会上通告，中美能源合作项目将调动私营行业资源，用来在中国开发范围广泛的清洁能源项目，为两国带来利益。该项目的创始成员超过20家公司，包含的合作项目涉及可再生能源、智能电网、清洁运输、绿色建筑、清洁煤炭、热电联产和能源效率等

资料来源：Baldinger P，J L Turner，2002.

Baldinger P，J L Turner. 2002. Crouching Suspicions，Hidden Potential：United States Environmental and Energy Cooperation with China. Washington，D. C.：Woodrow Wilson International Center for Scholars.

Fredriksen K A. 2008. Acting Assistant Secretary，Office of Policy and International Affairs，U. S. DOE，Statement before the U. S. -China Economic and Security Review Commission.

另可见 http：//www. energy. gov/news2009/documents2009/US-China_ Fact_ Sheet_ Renewable_ Energy. pdf

http：//www. energy. gov/news2009/documents2009/U. S. -China_ Fact_ Sheet_ CERC. pdf

http：//fossil. energy. gov/international/International_ Partners/China. html

http：//www. energy. gov/news2009/8292. htm. http：//www. state. gov/documents/organization/126802. pdf

http：//clinton6. nara. gov/1999/04/1999-04-08-fact-sheet-on-vice-president-and-premeir-zhrongji-forum. html

http：//www. ustreas. gov/initiatives/us-china/，and http：//www. ustr. gov/about-us/press-office/fact

附　录　B

中国太阳能热发电技术生命周期评价

一、评价模型介绍

该评价模型以300MW的塔式太阳能发电厂为基地，发电站将建于新疆维吾尔自治区的哈密。评价地理参考为中国哈密，数据时间参考为2008年。所用功能单位为电厂生产1kW，并假设塔式太阳能发电厂的排气压力为0.06Pa。以下概括了由王志峰与张美梅共同分析的300MW太阳能热力发电特征，详见附表B-1。

附表 B-1　研究的太阳能热力发电特征

技术类型	塔式太阳能中心电厂
装机容量	300MW
直射辐射	1 875kW · h/（m^2 · a）
日光发射器数量	25 020
孔径	2 502 000 m^2
技术寿命	25 a
年产电能	657MW
寿命期内生产电能	16 425MW
自产电能电力消费	1 150MW
净效率	14.06%

二、影响评价模型和系统边界

300MW的塔式太阳能发电厂生命周期评价根据中国产品和环境数据，采用由中国科学院生态环境研究中心开发的AGP（绿色产品评价）软件工具来完成。生命周期评价用AGP模型实现控制接口、数据清单输入、数据清单输出以及环境影响评价。塔式太阳能发电站生命周期分为五个过程：

1）提取原材料和制造电站部件。该过程包括能源需求和开发、制造中设施材料的排放。

2）运输阶段包括原材料、设施及建筑材料的运输。

3）建设项目包括车间、发电塔及管道。

4）在运行阶段，太阳能热力发电系统将太阳能转换为电力。除在发电机组件启动时需少量化石能源外，无需其他任何化石能源。所需电力消费由自产电能满足。由于很少使用化石能源，能源需求和排放可忽略不计。

5）电厂停止运行和废弃材料处理。由于缺乏可靠数据，电厂停止运行和所有废弃材料带来的影响便无可量化，因此，此研究亦无法计算在处理所有废弃材料过程中所需能源和产生的排放量。

太阳能热发电厂生命周期过程如附图 B-1。

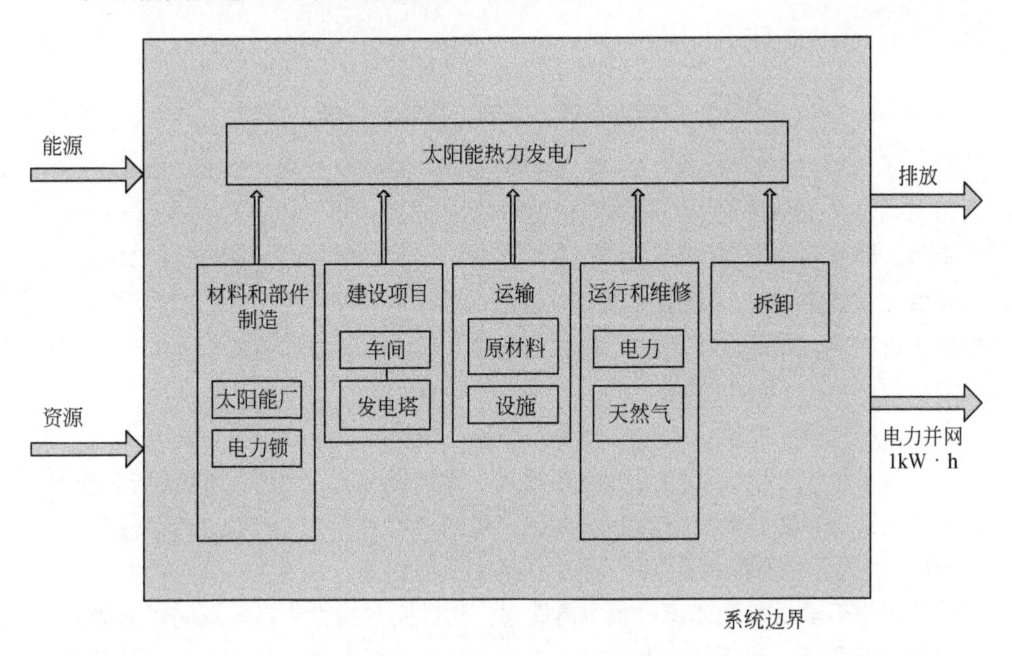

附图 B-1　太阳热力发电厂生命周期

三、评价方法

太阳能热力发电厂生命周期的完成采用了以下三大环境负荷状况。首先，能量平衡系数（EBF）指能源产出与能源投入的比例，用来确认系统作为能源生产系统是否可行。其次，能源回报期（EPT）是指在能源生产过程中，恢复系统在整个生命周期中所有能源投入所需年份。最后，CO_2 排放系数（CEF）指生产每单位电力的碳排放量。本研究中分析的太阳能热力发电厂 CEF 是与燃煤发电厂的 CEF 相比较，据报道，后者在各种发电技术中造成的环境影响最大。

明确了目标和范围之后，根据收集和处理过的数据进行清单分析。求出本研究中对 LCI 结果影响最大的参数值，如 EBF，EPT，以及 ECE 等，这样就能看出系统存在的问题和改进的地方。本研究中最基本三大环境负荷状况（EBF，EPT，CEF，GWP 及 AP）的理论方程式如下所示：

$$EBF = \frac{LCEO}{LCOE + \sum_i LCEE_i} \tag{B-1}$$

$$EPT = \frac{\sum_i LCEE_i}{AEO - AOE} \tag{B-2}$$

$$CEF = \frac{\sum_j [(LCOEE_j + \sum_i LCEEE_{ij}) \cdot CEE_j]}{LCEO} \tag{B-3}$$

其中，LCEO 是指能源转换厂在整个生命周期中的能源产出；$LCEE_i$ 和 LCOE 分别指系统每个步骤在整个生命周期中所需的“设备”和“运行”能源（i 代表每个步骤，即材料和设施的制造、运输和建设）；AEO 指年度能源产出；AOE 指电厂年度运行能源；$LCEEE_{ij}$和 $LCOEE_j$ 分别指整个生命周期内每种能源，如电力、煤炭和石油等，在每个步骤的设备和运行能源（j 代表每种能源）；CEE_j 指每种能源单位产能的 CO_2 排放量。

在本研究中，能源投入包括设备能源和运行能源。因此，方程式 B-1 右边的分母代表系统整个生命周期内的能源投入。设备能源定义为制造设备所需能源，组成研究系统，即日光反射器和电力锁，包括“材料”、“生产”、“运输”以及“建设”能源。生产能源指生产设备零部件所需能源，如日光反射器和发电机。运输能源指运输设备和建设材料所需能源。建设能源指建设设备车间所需能源。

关于能源投入的计算，本研究引入一个过程分析方法。其中，目标被分为众多步骤，每个步骤所需能源均经过整合。以下是计算系统在整个生命周期内所需设备能源方程式：

$$\sum_i LCEE_i = \sum_i (ME_i + PE_i + TE_i + CE_i) \tag{B-4}$$

其中，ME_i，PE_i，TE_i 和 CE_i 分别代表每个步骤中的材料、生产、运输和建设能源。

另外，运行能源被定义为系统运行所需能源，包括涡轮启动加热时的燃料消耗和设备运行时的电力消耗。系统在整个生命周期内的运行能源根据以下方程式计算：

$$LCOE = FC_{fuel} + FC_{electricity} \tag{B-5}$$

其中，FC_{fuel}指在发电机组件涡轮启动加热时所需燃料消耗，而$FC_{electricity}$指运行中所需电力，由自产电力提供。

本研究采用全球增温潜势（GWP）和酸性潜势（AP）分析，界定太阳能热力发电厂带来的环境影响特征。根据太阳能热力发电厂带来的环境影响特征，电厂在生命周期内排放的全球增温气体如CO_2，NO_x，CO，以及酸性气体，如SO_2，NO_x等得以量化、分析。本报告采用当量因子法分析GWP。数据清单输出也根据GWP和AP评价进行归类，所有种类的排放值均乘以当量因子。最后，得出的当量值就是总的影响潜势。在计算中，当量因子采用IPCC的研究成果（Yang Jianxin，2002）。

四、数据清单

生命周期评价所需数据由中国太阳能热力发电厂投资公司及相关技术研究中心提供，并得到中国国家统计局最新数据和文献数据的补充。

进行生命周期评价时，由于所研究的300MW塔式太阳能发电厂尚未建成，有些关于电厂部件的材料重量数据无法取证获得。因此，我们根据相同容量燃煤发电厂的类似材料做出假设。

在太阳能热力发电厂寿命期间包含众多材料类型，重量低于总重量5%的材料可忽略不计。300MW塔式太阳能热力发电厂在寿命期间的材料总重量如附表B-2所示。300MW太阳能热力发电厂的生命周期清单（LCI）：（一）能量平衡如附表B-3所示。

根据软件工具AGP所得出的数据，300MW太阳能热力发电厂LCA的最初投入和产出如附表B-4所示。

附表B-2　300MW塔式太阳能发电厂寿命期间的材料总重量（t）

技术	钢	玻璃	混凝土	柴油机	汽油
塔式太阳能发电厂	203 815	37 530	42 067	262	1 127

附表B-3　太阳能热力发电厂的生命周期清单（LCI）：（一）能量平衡（tce）

阶段	材料提取和设备生产	运输	建筑建设	运行	总量
能源投入	135 662. 48	2 152. 39	13 896	11 394	163 105

附表 B-4　太阳能热力发电厂的生命周期清单（LCI）：（二）排放量（g/kW）

	类型	材料提取和设备生产	运输	建筑建设	运行	总量
投入	钢	11.55	—	0.86	—	12.43
	玻璃	2.28	—	—	—	2.28
	混凝土	—	—	2.56	—	2.56
	柴油	—	0.016 0	—	—	0.016 0
	汽油	—	0.068 6	—	—	0.068 6
产出	CO_2	24.93	0.65	3.78	2.21	31.6
	SO_2	0.037 0	—	0.003 2	0.003 0	0.043 2
	NO_x	0.005 1	0.005 0	0.003 6	0.001 1	0.014 8
	HC	—	0.0016 6	—	1.26×10^{-4}	0.001 8
	CO	—	0.013 2	—	9.91×10^{-4}	0.014 2
	煤粉和煤烟	0.024 2	6.29×10^{-4}	0.002 5	0.002 1	0.029 3

五、结果和讨论

（一）能量平衡

从附表 B-1，附表 B-3 到附表 B-4，设备能源和运行能源分别按方程式（B-1），（B-2），（B-4）和（B-5）计算，阐明了本研究系统所有步骤中的能源投入和产出情况。经计算，太阳能热力发电厂生命周期清单中的能量平衡系数（EBF）为 12.38，能源回报期（EPT）为 1.89 年。这意味着拥有 25 年寿命的系统总能源投入可以在 1.89 年内通过发电进行回收；另外，EBF 值为 12.38，这意味着系统在整个生命周期内将至少产出总能源投入 12.38 倍的电能。研究结果表明，该系统作为能源生产系统是可行的。

（二）累积能源需求

运行太阳能热力发电系统所需的电力消耗由自产电提供。目前尚未建成混合系统，除发电机组件启动时需要少量化石燃料外，运行阶段无需其他任何化石能源。如果不考虑这些能源费用，按附表 B-1 和附表 B-3 计算，采用中央塔式发电技术，电厂生命周期内所需化石能源为 0.29 MJ/kW。累积能源需求和太阳能热力发电厂生命周期列在附表 B-5。其他 LCA 结果表明，SEGS 型发电厂在生命周期内所需化石能源介于 0.14 ~ 0.16 MJ/kW（Viebahn，2004），（Pehnt，2006）。

对于中央塔式发电技术，累积能源需求介于0.17～0.41 MJ/kW（Wang Kehong，2006；Y. Lechon，2008）。

通过综合附表B-5中每个步骤的设备能源和运行能源，可以分析系统能源投入。这样可以知道，92.6%的总能源投入为设备能源，运行能源相应地仅占余下的7.4%。这意味着系统设备所需能源数量远远大于运行所需能源，详见附图B-2。因此，要减少总能源投入就必须首先采取措施减少设备能源投入，如开发新技术、提高原材料的制造效率以及改善生产过程等。

附表B-5 太阳能热力发电厂生命周期内的累积能源需求

阶段	能源需求值/(MJ/kW)
太阳能场	0.239 4
电力锁	0.003 7
建筑建设	0.024 8
运输	0.003 5
运行	0.020 3
总量	0.290 0

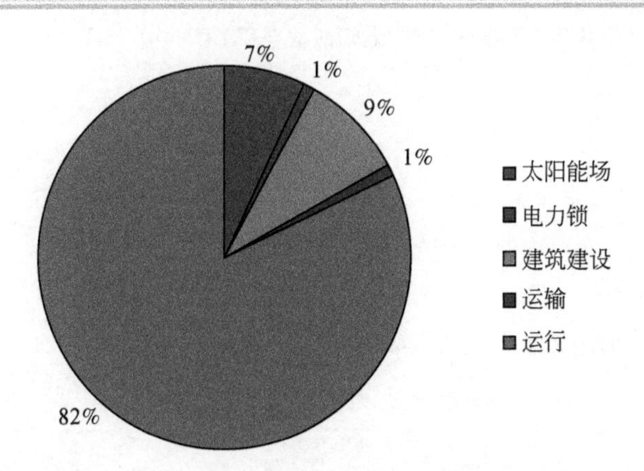

附图B-2 太阳能热力发电厂生命周期内能源需求百分比

（三）温室气体排放

从附表B-1和附表B-4可看出，设备能源和运行能源是按方程式（B-3）来计算的，同时也算出了在太阳能热力发电厂中产生的全球增温气体CO_2排放量，其 CEF 值大约为 31.5711g/kW。太阳能热力发电厂在生命周期内每个步骤的累积 CO_2 排放情况列在附表 B-6。大部分 CO_2 来自材料和生产阶段（附图 B-3）。300MW 塔式太阳能热力发电厂 LCA 采用当量因子法分析 GWP。研究了排放气体如 CO_2，CO 及 NO_x，结果如附表 B-7 所示，量值大约为 32.1 g CO_2 e/kW，这与报告文献中的数值相似（附表 B-8）。对于中央塔式发电，文献中报告的全球增温气体排放量介于 11 ~48 g CO_2 e/kW 之间；对于槽式发电，排放量则介于 12 ~ 80 g CO_2 e/kW 之间，Yolanda Lechón（2008）报告的混合运行发电数值是个例外。混合运行中的排放量高于前两者，主要原因在于天然气消费。

附表 B-6　太阳能热力发电厂生命周期内每个步骤的 CO_2 排放量

阶段	CO_2 排放量/(g/kW)
太阳能场	24.677 7
电力锁	0.251 4
建筑建设	3.784 5
运输	0.647 5
运行	2.210 0
总量	31.571 1

附表 B-7　300MW 塔式太阳能发电厂 LCA 中的 GWP 分析

影响类型	项目	质量 /kg	当量因子 /kg、kg	影响潜势值 /kg	总量 /(g CO_2 e/kW)
GWP	CO_2	31.6	1	31.6	32.1
	NO_x	0.014 8	320	0.473 6	
	CO	0.014 2	2	0.028 4	

注：文献报告中的太阳能热力发电厂全球增温气体排放量（g CO_2 e/kW）

附表 B-8　文献的 GWP 分析

文献	塔式发电	槽式发电
Yolanda Lechón（2008）	17（186）	24（161）
Vant-Hull（1991）	11	
Norton（1998）	21 ~48	30 ~80
Viehban（2004）		12

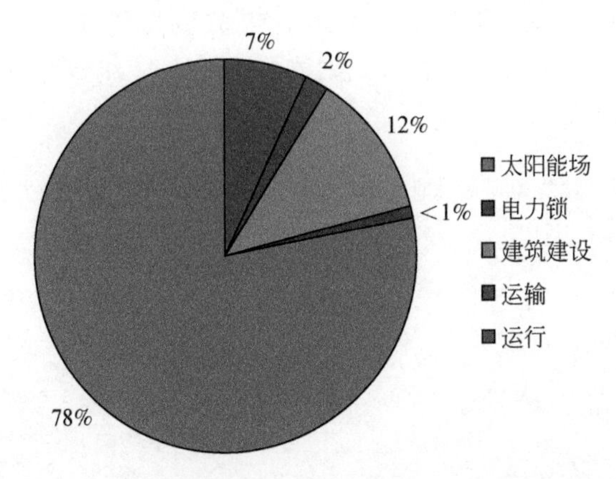

附图 B-3　太阳能热力发电厂生命周期内 CO_2 排放量百分比

（四）酸化影响

从附表 B-4 可看出，本次研究中 SO_2 排放量为 43.2 mg /kW。对于酸化气体如 SO_2 和 NO_x，300MW 塔式太阳能发电厂 LCA 中的 AP 分析采用了当量因子法，分析结果如附表 B-9 所示，酸化值为 53.6 mg SO_2 e/kW。文献报告中的酸化值大于本研究所得值。报告的槽式发电厂酸化值为 69.28 mg SO_2 e/kW（Pehnt，2005），采用混合运行的塔式太阳能发电厂酸化值为 621 mg SO_2 e/kW（Yolanda Lechón，2008）。采用混合运行产生的排放量更多，主要原因在于天然气消费。在中国，最近几年相继出现严格政策，来控制二氧化硫的排放。为了响应这些政策，企业也纷纷利用技术降低 SO_2 和 NO_x 的排放量。这样，酸化气体也就随之大大减少了。

附表 B-9　300MW 太阳能热力发电厂 LCA 中的 AP 分析

影响类型	项目	质量 /g	当量因子 /kg、kg	影响潜势值 /kg	总量 /(g CO_2 e/kW)
AP	SO_2	0.043 2	1	0.043 2	0.053 6
	NO_x	0.014 8	0.70	0.013 6	

（五）与燃煤发电厂的比较

在中国，燃煤发电系统的环境因素包括 300MW 发电每 1 kW 功能单位煤炭需求值为 320 gce/kW，全球增温气体排放（CO_2）738 g/kW，NO_x 值 3.25 g/kW，酸化气体（SO_2）9.38 g/kW，以及其他排放物如煤粉和煤烟 0.283 g/kW（Huang Xiang，2006）。燃煤发电与太阳能热力发电厂在能源需求和排放物方面的对比如附表 B-10 所示。

附表 B-10　燃煤电厂和太阳能热力电厂在能源需求和排放物方面的比较

技术	能源需求/MJ（kW）	煤粉和煤烟/(g/kW)	CO_2/(g/kW)	SO_2/(g/kW)	NO_x/(g/kW)
燃煤发电	>9.37	0.283	738	9.38	3.25
太阳能热发电	0.29	0.029 3	31.6	0.43 2	0.014 8

六、结论

对 300MW 塔式太阳能发电厂的 LCA 可得出以下重要结论：

1）首先，该技术带来的环境状况明显优于中国当前用于生产电力的众多技术组合。

2）太阳能热力发电厂在生命周期内所需累积能源需求明显少于产出的能源。

3）全球温室气体 CO_2 值约为 31.6g/kW，明显低于采用燃煤发电技术所产生的排放量 738g/kW。

4）其他环境影响计算得出的数值明显低于中国当前发电系统得出的数值。由于天然气或煤炭消费，大部分数据来自以化石为燃料的发电厂。

参考文献

Wang Zhifeng，Zhang Meimei. 2008. Feed-in tariff Research Report of Solar Thermal Power Plants，Institute of Electricity engineering，Chinese Academy of sciences（CAS）

Viebahn P. 2004. INDITEP，Integration of DSG Technology for Electricity Production，WP 4.3，Impact Assessment，Life Cycle Assessment of Construction Materials，Energy Demand and emissions of DSG，Final Report. http：//www. esa. int

Pehnt M. 2006. Dynamic Life Cycle assessment（LCA）of Renewable Energy Technologies. Renewable Energy，31：55-71

Wang KeHong，Zhao Dai Qing. 2007. Analysis and Comparison on Environment and Efficiency of the Trough and Tower Solar Thermal Power Generation. Energy Engineering，01：25-28

Huang Xiang. 2006. Environmental Impacts Report of Different Generation Electricity Technologies，China Huadian Engineering Co.，Ltd.（CHEC）

Yolanda Lechón, Cristina de la Rúa, Rosa Sáez. 2008. Life Cycle Environmental Impacts of Electricity Production by Solar thermal Power Plants in Spain. Journal of Solar Energy Engineering, 130: 1-7

Vant-Hull L L. 1991. Solar Thermal Electricity: An Environmental Benign and Viable Alternative. Proceedings of the World Clean Energy Conference, Geneva

Norton B, Eames P S, Lo N G. 1998. Full-Energy-Chain Analysis of Greenhouse Gas Emissions for Solar Thermal Electric Power Generation Systems. Renewable Energy, 15: 131-136

Yang Jianxin, Xu Cheng, Wang Rusong. 2002. Methods and Applications of LCA of Products. Beijing. Weather Publishing Company.

附　录　C

中国生物质发电生命周期评价

作为可再生能源，生物质被普遍认为属于碳中性能源。对于定期种植或定期收割的农业废弃物来说，尤为如此。在成长过程中，这些植物吸收大气中的CO_2，进行光合作用，在能量燃烧过程中，它们又放出CO_2。即便由于生物质的较低氮、较低硫含量，在发电阶段SO_2和NO_x的直接排放量小于化石燃料，从生命周期评价角度看，其环境影响仍不容忽视。最主要的原因在于生物质的种植、收割、运输以及预处理均为能源消费过程，此过程还伴随着大量气体排放。

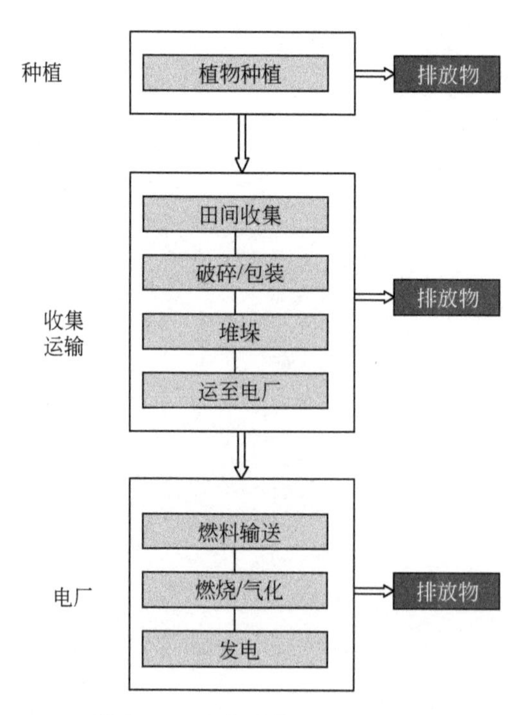

附图 C-1　生物质燃烧发电流程图

在整个生命周期评价过程中，能源消费和污染物排放取决于众多因素，主要包括生物质给料、采用的技术种类以及系统边界条件等。至于对农业废弃物发电的评价，包括植物种植在内的生命周期评价可能对结果产生重要影响。在以下评价体系中，种植过程的能源消费和污染物排放也包括在内。附图 C-2 和附图 C-3

展现了采用直接燃烧法进行25MW生物质发电的评价结果。我们可以看到，生物质种植是排放物的主要来源。它产生70%以上的CO_2，而在收集、运输和预处理阶段的排放量明显较少。考虑到化石能源消费，种植阶段将起主导作用，主要原因在于生产氮肥和使用柴油机要消耗燃料。

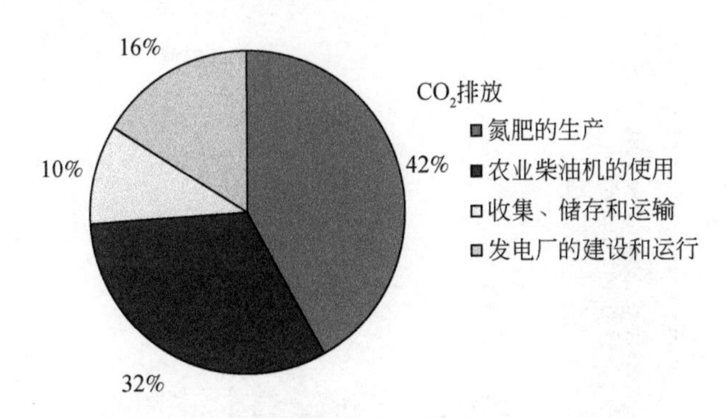

附图 C-2 生物质发电整个过程中的 CO_2 排放

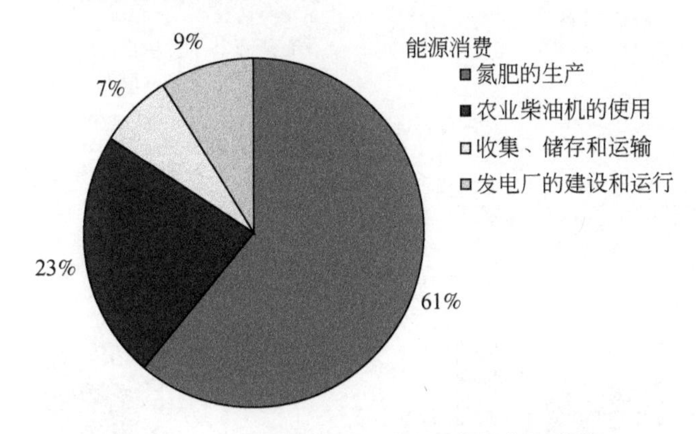

附图 C-3 生物质发电整个过程中的能源消费

如上所述，生物质发电有三大技术路径。在中国，目前直接燃烧发电是用得最多的发电技术。由于缺乏政策支持，混合燃烧发电技术仅占很小份额。另外，大部分气化发电项目也还处于示范阶段。从能源转换效率和CO_2排放方面，分别比较了不同生物质发电系统。如附图 C-4 所示，混合燃烧发电能源效率最高，其次是气化发电，最后是直接燃烧发电。发电规模是影响能源效率高低的关键因素。对于直接燃烧和气化发电而言，电厂规模很有限，因为生物质密度低。中国最大的直接燃烧发电厂装机容量为25MW，最大气化发电厂装机容量为6MW，这两者的发电效率均低于30%。相反的，混合燃烧电厂规模并未受到生物质资源太大影响，因为生物质只代替了一小部分煤炭。附图 C-4 所示数据反映了140MW混合燃烧发电厂的运行经验。该厂发电效率高达36.13%，远高于直接燃烧和气化发电的发电效率。由于附图C-4所示的6MW气化发电厂包括热回收和发电系统，系统效率略高于25MW直接燃烧发电厂。如附图C-5所示，这三大系统CO_2降低率达到95%以上。这也许可以说明CO_2的减少卓有成效。

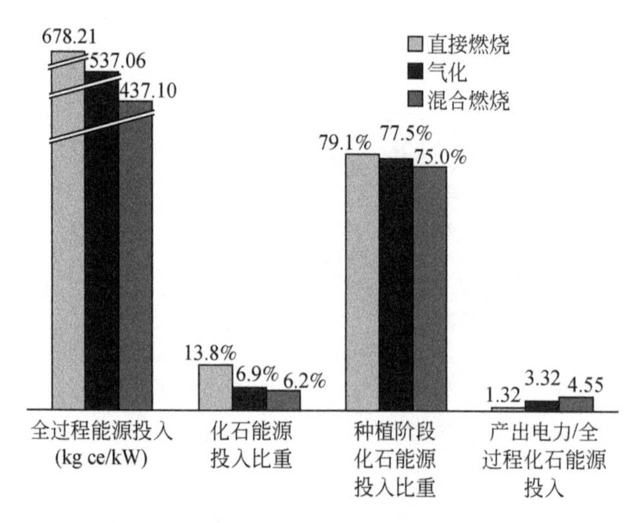

附图 C-4 能源效率对比

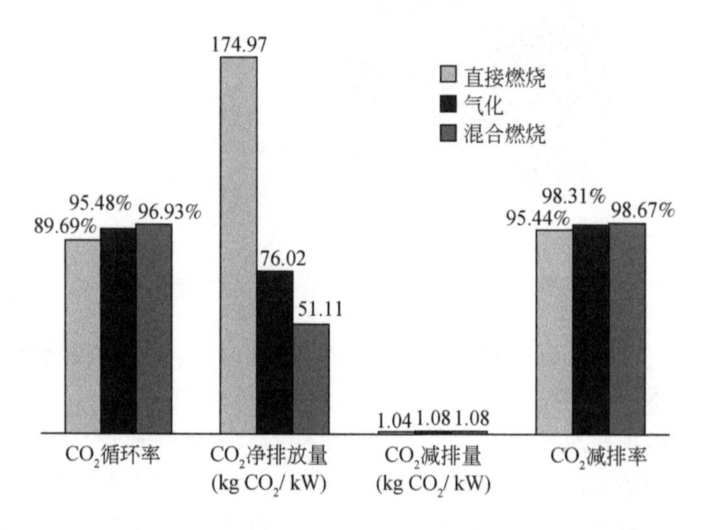

附图 C-5 CO_2 减排量对比

与化石燃料和核能发电厂相比，可再生能源也需要利用大面积土地，用于建设既定发电能力。一方面，大型水能发电和聚光太阳能热发电对用地要求特别高。另一方面，一些可再生能源技术，如光伏技术，可以在住宅区或仓库屋顶实现推广。这些地方很少干预其用地，离用电区域较近。虽然用种植原料发电属于高度土地密集型产业，但如果使用废弃生物质进行发电，用地要求就会低很多。用地可以粗略概括出寻求新发展所带来的其他影响，包括对生态系统、文化和历史资源、风景等方面的影响，以及农业土地的缺失等。由于大部分可再生能源发电技术属于高度土地密集型产业，在建设大型工程之前，我们必须对当地环境、文化以及审美影响进行严格评价。

附 录 D

（晶硅）光伏技术的环境考虑

一、光伏技术的生命周期

鉴于可用太阳能规模和技术发展潜力，太阳能发电是未来长期内最有前景的无碳发电技术。与其他太阳能利用方式相比，太阳能电池能更有效地将太阳光能转换为电力。过去五年，太阳能光伏产业的制造能力得到持续提高，成本不断降低，取得显著增长。如今，硅晶太阳能电池占有全球太阳能电池市场90%的份额。

然而，该产业最近面临高能源消耗和严重污染等问题，例如整治和循环利用大量含有 HF，HNO_3 及其他金属离子的废水。因此，我们迫切需要研发环境友好型技术（Gu，2008；Hu，2008）。

二、多晶硅制备中的环境问题

在建工厂采用改良西门子法制造多晶硅。该制造过程是目前比较好的，产出世界总量的70%~80%多晶硅。附图 D-1 展示了改良西门子法的制造过程（Long

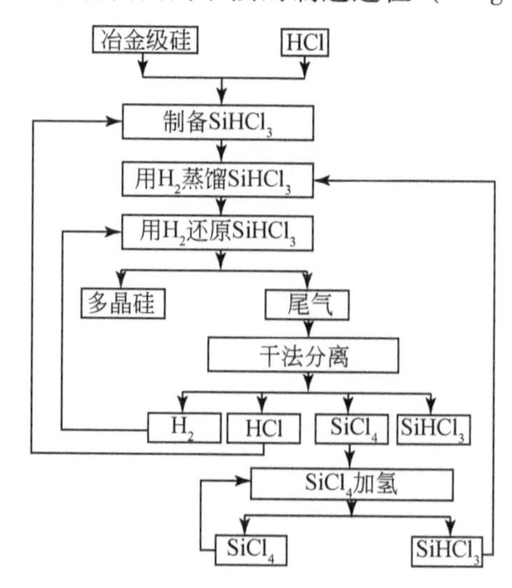

附图 D-1 改良西门子法多晶硅制造流程图

et al. 2008）。

然而，改良西门子法制造过程的核心技术分别由美国、德国和日本的几家公司掌握，中国公司很难得到这些核心技术。这也是导致中国太阳能光伏产业高能耗、高污染的主要原因。附表 D-1 展示了中国年生产 1000t 多晶硅的经济要素（Long et al. 2008；Zeng 2008；Su 2008）

附表 D-1　中国每年生产 1000t 多晶硅的经济要素

项目	经济成本/利益
多晶硅产量	每年 1000t
总投资	1.7 亿美元
生产成本	70～80 美元/kg（中国）
	25 美元/kg（欧洲和美国）
电力消耗	每年 6 亿 kW
太阳能电池产电量	每年 200MW
电力再生率（20 年）	8 左右
发电成本	生物质发电的 7～12 倍，风力发电的 6～10 倍，传统煤炭发电的 11～18 倍
副产品 $SiCl_4$	每年 8000t

三、三氯硅烷（$SiHCl_3$）的制备和净化

高纯度 $SiHCl_3$ 用石英砂制备而成，具体步骤如下：

（1）制备工业硅：$SiO_2 + C \rightarrow Si + CO_2 \uparrow$。

（2）制备 $SiHCl_3$：$Si + HCl \rightarrow SiHCl_3 + H_2 \uparrow$ 此过程能产生包含 H_2，HCl，$SiHCl_3$，$SiCl_4$ 及 Si 等的气体混合物。

（3）在气体混合物中净化 $SiHCl_3$。

在以上制备和净化过程中，有两大污染问题有待解决：制备工业硅时产生副产品 CO_2 的捕获，以及在气体混合物中净化 $SiHCl_3$ 时的尾气再循环。

四、$SiHCl_3$ 的还原

高纯度多晶硅是通过还原 $SiHCl_3$ 得到的，反应步骤如下：

（1）主要反应：$SiHCl_3 + H_2 = Si + 3HCl\uparrow$。

（2）二次反应：$4SiHCl_3 = Si + 3SiCl_4 + 2H_2\uparrow$。

经过反应（1），得到 Si；反应（2）沉淀后，形成高纯度多晶硅。在这个过程中，约 25% 的 $SiHCl_3$ 被转换为多晶硅，其他剩余物则转换为尾气。还原炉排放出大量含有有用物质如 H_2，HCl，$SiHCl_3$ 和 $SiCl_4$ 的尾气。另外，尾气还含有许多腐蚀性有毒物质。因此，尾气必须再循环利用，否则会导致严重污染，也会增加成本。

四氯化硅（$SiCl_4$）构成尾气的主要成分，是一种具有高腐蚀性的有毒液体。每生产 1000t 多晶硅，就有 8000t 左右的副产品 $SiCl_4$ 产出。$SiCl_4$ 治理成本高昂，大部分中国企业都没有治理设备，使得尾气治理成为制造多晶硅的瓶颈。

五、尾气分离与再循环

尾气成分非常复杂，通常包括 H_2，HCl，$SiHCl_3$ 和 $SiCl_4$，很难对其进行分离和再循环利用。在对 H_2，HCl，$SiHCl_3$ 和 $SiCl_4$ 进行循环利用之前，它们必须分别分离出来。因此，我们需要采用集冷凝压力、吸收及解吸为一体的多级分离技术。附图 D-2 展示了尾气分离和再循环过程。

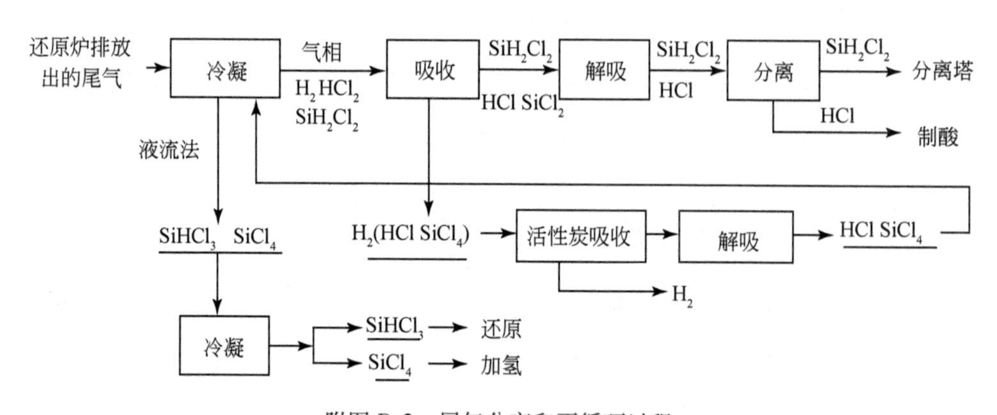

附图 D-2　尾气分离和再循环过程

附图 D-2 表明尾气可以被成功分离开，并加以循环再利用。这将减少尾气排放量，减缓环境污染。四氯化硅也可用通过气相法作为制备白碳黑的原料。然而，由于技术和设备落后，尾气分离和再循环成本高昂，中国有些无力承担。

制备多晶硅造成环境污染，这引起了中国政府的关注，尤其是尾气的分离和再循环。重要工程：关于多晶硅生产过程副产品的综合利用核心技术研究项目就得到了中国863计划的支持（CNCIC，2008）。

然而，努力才刚开始，我们迫切需要对高效率、低成本的尾气分离和再循环技术与设备展开进一步研究。

六、多晶硅纹饰产生的废水

制备多晶硅薄片纹饰所用化学物质应用程序如附图D-3所示。一槽用大量酸和碱制备纹饰（硝酸、氢氟酸、盐酸以及氢氧化钾等）。

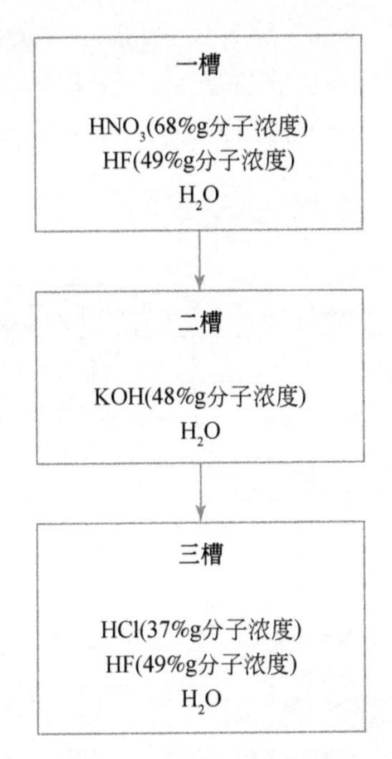

附图D-3　制备纹饰化学物质流程图

据太阳能专业网站Solarbuzz报道，2008年中国太阳能电池年产容量为3000MW。这消耗大量氢氟酸和硝酸。随着太阳能产业的快速发展，很明显，未来将用到更多此类物质。

目前，中国公司对酸性废水和碱性废水采取分别排放和分别治理原则。饮用水中含过多氟化物会引发各种疾病，因此含氢氟酸废水的排放和治理受到控制，含氟化物废水的排放标准要求很严格。附表D-2体现了含过量氟化物饮用水对健康带来的影响。

附表 D-2 含过量氟化物饮用水对健康带来的影响

氟化物含量/(mg /L)	身体部位	健康影响
0.5～1.0	牙齿	具有防龋作用，牙齿形成一层坚硬质量密度的保护性表层
1.1～2.0	牙齿和骨骼	牙氟中毒几率为30%，轻微骨骼氟中毒
2.1～4.0	牙齿和骨骼	牙氟中毒几率为80%，一定量骨骼氟中毒
＞4.1	牙齿和骨骼	牙氟中毒几率为90%，大量骨骼氟中毒

氢氟酸废水排放和治理过程伴随着化学沉淀、絮凝沉淀以及过滤。期间，氟化物被转换为氟化钙。经过絮凝沉淀和过滤，氟化物与废水分离开来。过滤泥通过废弃、掩埋进行处理。整个治理过程如附图 D-4 所示。

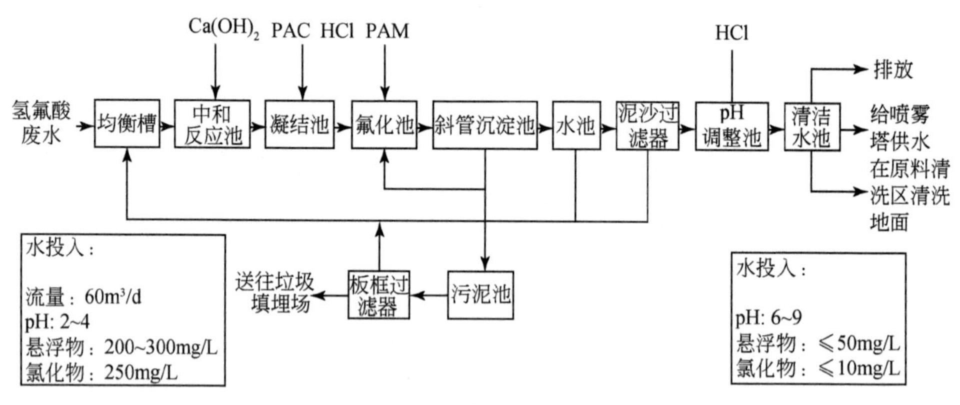

附图 D-4 氢氟酸废水排放和治理过程

但是，如果出现酸雨或碰到酸性土壤，过滤泥中氟化钙的氟离子会被沉降，和雨水一起渗入地下水，从而污染土壤和水源，后果非常严重。因此，我们迫切需要更加先进的技术，如对氢氟酸实现循环再利用，以降低成本，解决污染问题。

目前，很难将氢氟酸从硝酸中分离出来。先进的膜分离技术，如改进的聚四氟乙烯膜和陶瓷膜分离技术，可用来清除酸性废水中的金属和非金属成分，从而达到净化废水目的。净化后的酸性废水仅含有氢氟酸和硝酸，通过调整两种酸的浓度，它们就很容易被循环再利用了。

七、紧急问题

在中国，生产多晶硅和太阳能光伏板带来严重的环境问题，成为太阳能产业发展的瓶颈。我们迫切需要更先进的、低能耗的环境友好型技术，如下所示：

1）制备多晶硅的过程迫切需要先进碳捕获技术，用于捕集制造工业硅时产出的副产品 CO_2，用尾气分离和再循环的高效技术和低成本设备也同样需要。

2）利用多晶硅制造太阳能电池的过程迫切需要一个酸性废水治理程序，废水中含有氢氟酸和硝酸。由于很难将氢氟酸和硝酸分离开，我们也需要对氢氟酸和硝酸进行同步循环。

3）先进的膜分离技术，如改进的聚四氟乙烯膜和陶瓷膜分离技术，可用来清除酸性水中的金属和非金属成分，从而达到净化废水目的。净化后的酸性废水仅含有氢酸和硝酸，通过调整两种酸的浓度，它们就很容易被循环再利用了。

4）由于成本低，原料丰富且无毒性，多晶硅薄膜太阳能电池在清洁发电领域前景乐观。而非晶硅太阳能电池研究甚广，已形成大规模生产。然而，非晶硅太阳能电池面临着低转换效率和光致衰减效应等问题，也亟待解决。